学生のための
機械工学シリーズ 1

機械力学

振動の基礎から制御まで――

日高照晃
小田　哲
川辺尚志
曽我部雄次
吉田和信
著

朝倉書店

はじめに

　近年，工業のあらゆる分野がめざましい発展を遂げつつあり，これにともなって機械技術者には機械本来の性能を十分発揮する機械設計が要求されている．このため，単に静的強度のみでなく，機械および機械部品の動力学的挙動としての振動による破壊強度や騒音・振動公害の問題についての基礎的知識が重要視されている．機械振動は興味深い自然現象を含んでおり，古くから多くの研究者の研究対象になっているが，現象の正しい理解と適切な対処が必要である．

　筆者らは13年前に大学工学部，工業高等専門学校における機械力学の教科書として，また企業などで働く技術者の入門書として役立つような書籍を出版した．この間累計14刷りを数え好評をいただいた．しかしながら，最近の学生の数学の学力低下，機械工学に関する授業科目数の増加による各学科目の単位数の縮小傾向，さらに機械力学の分野では新しい内容として振動のアクティブ制御の解説が多くなりつつあることを考え，このたび，新しい形で企画出版することにした．執筆にあたっては，基礎に重点をおき，機械力学全般についての内容の均衡化を図るとともに，簡潔に記述するように，解説内容を吟味した．すなわち，1自由度系の振動は振動の基礎となるので詳細に記述したが，2自由度系，多自由度系，連続体の振動，回転機械のつりあい，往復機械の力学，非線形振動については基礎的な事項を取り扱って，わかりやすく解説した．また，機械運動のアクティブコントロールの章を設け，新しい分野を盛り込んだ内容となっている．本書の特徴として，各章ごとに演習問題を配し，独習にも便利なように巻末に問題の解答を付記した．読者にとって，機械力学の勉学に役立てていただければ幸いである．

　終わりに，本書の執筆に際して参考にさせていただいた多くの書物や文献の著者に深甚な謝意を表する．また，本書の刊行に際し，いろいろご配慮とご尽力いただいた朝倉書店の編集部各位に心からお礼申し上げる．

　2000年3月

著者を代表して　日 高 照 晃

目　　次

1. **機械振動学の基礎** ……………………………………………（日高照晃）…1
    1.1 機械振動 …………………………………………………………………… 1
    1.2 力学モデル，自由度，運動方程式 ……………………………………… 1
    1.3 単振動 ……………………………………………………………………… 4
2. **1自由度系の振動** …………………………………………………（小田　哲）…6
    2.1 不減衰系の自由振動 ……………………………………………………… 6
    2.2 粘性減衰系の自由振動 ……………………………………………………15
    2.3 位相平面による振動の表示 ………………………………………………20
    2.4 クーロン減衰系の振動 ……………………………………………………22
    2.5 調和加振力を受ける粘性減衰系の強制振動 ……………………………24
    2.6 不つりあいによる強制振動 ………………………………………………28
    2.7 振動の伝達と絶縁 …………………………………………………………29
3. **2自由度系の振動** ………………………………………………（川辺尚志）…37
    3.1 2自由度系の自由振動 ……………………………………………………37
    3.2 2自由度系の強制振動 ……………………………………………………40
    3.3 動粘性吸振器 ………………………………………………………………42
    3.4 減衰要素のみで結合される実用吸振器 …………………………………45
4. **多自由度系の振動** ………………………………………………（日高照晃）…48
    4.1 一般座標と一般力 …………………………………………………………48
    4.2 ラグランジュの運動方程式 ………………………………………………50
    4.3 線形振動の解法 ……………………………………………………………57
5. **連続体の振動** ……………………………………………………（曽我部雄次）…71
    5.1 連続体 ………………………………………………………………………71
    5.2 弦および棒の運動方程式 …………………………………………………71

5.3　弦および棒の振動 …………………………………………… 74
　　5.4　はりの曲げ振動 ……………………………………………… 79
　　5.5　固有振動数の近似計算法 …………………………………… 87

6.　回転機械のつりあい ………………………………（吉田和信）… 89
　　6.1　つりあいの条件 ……………………………………………… 89
　　6.2　2円板モデルによる不つりあいの等価表現とつりあわせ ……… 94
　　6.3　不つりあい計測の原理 ……………………………………… 95

7.　往復機械の力学 ……………………………………（日高照晃）… 99
　　7.1　往復機械の運動 ……………………………………………… 99
　　7.2　各運動部の慣性力 …………………………………………… 101

8.　非 線 形 振 動 ………………………………………（吉田和信）… 108
　　8.1　非線形復元力をもつ振動系 ………………………………… 108
　　8.2　積分による速度と周期の計算 ……………………………… 110
　　8.3　自由振動の近似解法 ………………………………………… 115
　　8.4　強制振動の近似解法 ………………………………………… 118

9.　機械運動のアクティブコントロール ……………（川辺尚志）… 123
　　9.1　アクティブ制御の特徴 ……………………………………… 123
　　9.2　サスペンション系での能動制振と受動制振 ……………… 126
　　9.3　制御理論を使った振動の能動的制御 ……………………… 128
　　9.4　クレーン系の運動と振動の同時制御 ……………………… 137

問題の解答 ……………………………………………………………… 145
文　　献 ………………………………………………………………… 160
付　　録 ………………………………………………………………… 161
索　　引 ………………………………………………………………… 165

1 機械振動学の基礎

1.1 機 械 振 動

振動とは,ある量の大きさが時間の経過にともない,ある基準値に対して繰り返し変動する現象をいう.したがって,光,音波,電波,地震動などすべて振動現象であり,自動車や電車の乗り心地なども振動現象に関係している.このように振動はわれわれの生活と密接に関係している.

本書では機械およびこれを構成する部材や要素の振動,すなわち機械振動を取り扱うことにする.近年,各種の機械に,その性能を向上させ,しかも小型・軽量にすることが強く求められている.この要求を満たすためには,機械の使用時に,静的な力のほかにどの程度振動的な力が作用するのかを知る必要がある.振動現象では,共振すると,静的な力に比べ非常に大きな力が作用する.したがって,各部の寸法や構造を変えたり,振動の原因を除去するなどして振動的な力を抑制することが望まれる.また振動はすべての場合に有害であるのではなく,場合によっては振動を積極的に利用した機械もある.このような問題の解決のためには,機械振動学についての十分な知識が必要になってくる.

1.2 力学モデル,自由度,運動方程式

a. 力学モデル

機械や構造物は一般に多数の要素から構成されており,これらの各要素にはそれぞれ弾性や振動に対する減衰が作用する.したがって,機械などの振動を解析する場合,その構造通りに忠実に扱うと複雑過ぎて解析することが実際上非常に困難になる.そこで,解析しようとする対象物をこれと等価ないくつかの質量,ばね,減衰の各要素からなる**力学モデル**におきかえて解析する.力学モデルの各要素の数は少ないほど解析が簡単であり,たとえ簡単なモデルであっても,解析結果がその対象物の現象を十分正確に表せばよいのである.このことは,自動車や電車,オートバイなど身近なものの振動を解析する場合を考えれば理解できる

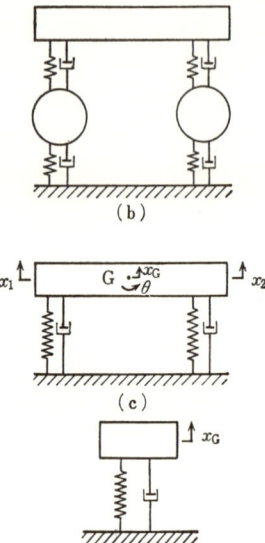

図 1.1 振動解析の際の力学モデル

であろう．図1.1はオートバイの例であるが，(a)のような複雑な構造を忠実に考慮して，多数の部材のそれぞれについて正確に振動を解析することはほとんど不可能である．しかし，図1.1(b)のような1つの剛体と2つの質点，それに4つのばねと減衰器（ダンパ）からなる力学モデルにおきかえれば，解析が比較的簡単であり，しかも各部材に生じる力や変位などの基本的な量をかなり正確に求めることができるであろう．さらに上下動とピッチングだけを考えるのであれば，車輪の質量が上部構造物や搭乗者の質量に比較して小さいのでこれを省略して，図1.1(c)のような簡単な力学モデルを用いてもよいであろう．また，場合によっては図1.1(d)のように，非常に簡単な力学モデルを用いても，所要の目的を達することができることもあろう．

b．自　由　度

図1.1(d)の力学モデルでは剛体の動きを変位 x_G，すなわち1つの変数のみで表すことができる．また図1.1(c)では，左右の変位 x_1 と x_2，または重心の変位 x_G と傾き角 θ を用いて剛体の動きを表すことができ，2つの変数を用いれば十分である．このように，物体の運動を記述するために必要な独立変数の数を**自由度**という．なお，図1.1(b)では，剛体が上下運動と回転運動を行い，2

つの質点がそれぞれ上下運動を行うので，自由度は4となり，また図1.1(a)の自由度は厳密には無限となる．

c. 運動方程式

　ある物体の振動を解析する場合，対象物を力学モデルにおきかえた後，そのモデルの運動を記述する**運動方程式**（振動方程式ともいう）を導く必要がある．運動方程式を導く方法としては，モデル全体のエネルギから求める方法（後述のラグランジュ（Lagrange）の方程式を用いる方法）と，モデルの各質点あるいは剛体に作用する力から直接導く方法とに大別される．さらに後者の方法には2つの考え方があり，1つはニュートン（Newton）の第2法則，すなわち質量mの物体に外力Fが作用すると，その物体は力の方向に，力の大きさに比例した加速度aを生じるという関係を用いる方法である．この関係式を次に示す．

$$F = ma \tag{1.1}$$

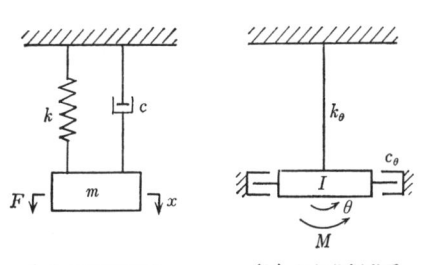

(a) 直線振動系　　(b) ねじり振動系

図 1.2 直線振動系とねじり振動系

もう1つはダランベール（d'Alembert）の原理を用いる方法である．ダランベールの原理とは，$-ma$を一種の力とみなしてこれを慣性力と名づけ，ある物体に作用している外力と慣性力の総和が零になるという力の動的平衡条件を表したものである．この関係式を次に示す．

$$F + (-ma) = F - ma = 0 \tag{1.2}$$

なお，式(1.1)の右辺の項を左辺に移行すれば結果的に式(1.2)と同じ形になるが，両者の考え方は異なることに注意すべきである．

　また運動方程式は，図1.2(a)のような直線振動系の運動方程式

表 1.1 直線振動系とねじり振動系の対応

直線振動系		ねじり振動系	
質量	m	慣性モーメント	I
ばねこわさ	k	ねじりこわさ	k_θ
減衰係数	c	ねじりの減衰係数	c_θ
強制力	F	強制トルク	M
変位	x	ねじれ角	θ
速度	$v = \dfrac{dx}{dt}$	角速度	$\omega = \dfrac{d\theta}{dt}$

（式(1.1)，式(1.2)）と図1.2(b)のようなねじり振動系の運動方程式が考えられる．ねじり振動系の運動方程式は，慣性モーメントをI，外力のモーメントをM，ねじれ角をθとすれば

$$I\ddot{\theta} = M \tag{1.3}$$

で与えられる．

直線振動系とねじり振動系における各量の対応を表 1.1 に示す．

1.3 単 振 動

振動には図 1.3（a）のように，ある量 x が時間 t に対して不規則に変化する**不規則振動**（ランダム振動ともいう）もあるが，一般に機械振動は図 1.3（b）のように

$$x = f(t) = f(t + nT) \tag{1.4}$$

で表される**周期振動**が多い．ここで n は任意の整数，T は周期を示す．また，周期振動の中でも図 1.3（c）のように

$$x = A \sin(\omega t + \phi) \tag{1.5}$$

で表される**単振動**（調和振動ともいう）が最も基本的なものである．式 (1.5) において，ω を円振動数（角振動数ともいう），ϕ を位相角という．また

$$T = \frac{2\pi}{\omega} \tag{1.6}$$

を周期という．周期の逆数 $f = 1/T$ が振動数となる．

ここで，式 (1.5) の x を時間 t で微分すると

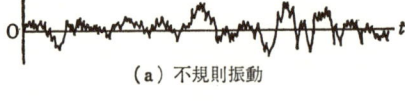

(a) 不規則振動

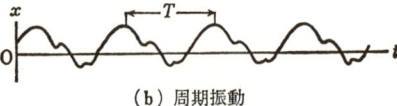

(b) 周期振動

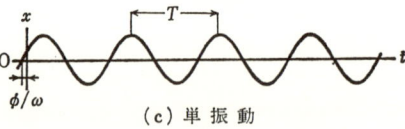

(c) 単振動

図 1.3 周期振動と単振動

$$\frac{dx}{dt} = \dot{x} = A\omega \cos(\omega t + \phi)$$
$$= A\omega \sin(\omega t + \phi + \pi/2) \tag{1.7}$$

$$\frac{d^2 x}{dt^2} = \ddot{x} = -A\omega^2 \sin(\omega t + \phi) = A\omega^2 \sin(\omega t + \phi + \pi) \tag{1.8}$$

となる．したがって，単振動している物体の速度と加速度も変位と同じ円振動数をもった単振動であり，それらの振幅は変位に対してそれぞれ ω 倍，ω^2 倍になり，また位相は変位に対してそれぞれ $\pi/2$，π だけ進んでいることになる．

1.3 単振動

次に単振動の合成を考えてみよう．まず，振幅，位相角は異なるが，円振動数が同一の次式で表されるような2つの単振動を合成してみる．

$$x_1 = A_1 \sin \omega t \tag{1.9}$$

$$x_2 = A_2 \sin(\omega t + \phi) \tag{1.10}$$

この場合

$$x = x_1 + x_2 = (A_1 + A_2 \cos \phi) \sin \omega t + A_2 \sin \phi \cos \omega t$$
$$= A \sin(\omega t + \psi) \tag{1.11}$$

となる．ただし

$$\left. \begin{array}{l} A = \sqrt{A_1{}^2 + A_2{}^2 + 2A_1 A_2 \cos \phi} \\ \tan \psi = \dfrac{A_2 \sin \phi}{A_1 + A_2 \cos \phi} \end{array} \right\} \tag{1.12}$$

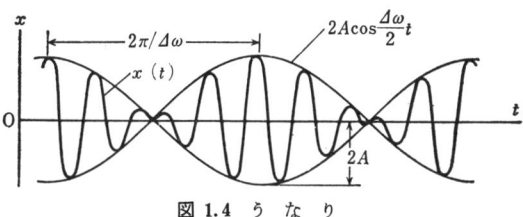

図 1.4　うなり

これより，円振動数の等しい単振動を合成すると，合成された振動も単振動となり，その円振動数は最初の円振動数と等しいことがわかる．これに対し，円振動数の異なる振動を合成するとその結果は単振動にならない．特に興味のある例として，振幅と位相角が同じであるが，円振動数がわずかに異なり，それぞれ ω, $\omega + \Delta\omega$ である2つの振動の合成を考えてみる．この場合，合成された値は

$$x = A \sin \omega t + A \sin(\omega + \Delta\omega)t = 2A \cos\left(\frac{\Delta\omega}{2}\right)t \sin\left\{\omega + \left(\frac{\Delta\omega}{2}\right)\right\}t \tag{1.13}$$

となり，振幅が周期的に $2A \cos(\Delta\omega/2)t$ で変化する，**うなり**をともなった振動となる．式 (1.13) を図 1.4 に示す．

2　1自由度系の振動

2.1　不減衰系の自由振動

a.　直線振動

最も簡単な振動系のモデルとしては，図2.1に示すような，質量mとばねkのみから構成されるものが考えられる．ばね自体の質量は非常に小さく，無視できるとすると，この系の運動は単一の座標xのみで表すことができるので，1自由度系である．重力mgによるばねの伸びをx_{st}とすると

$$x_{st} = \frac{mg}{k} \tag{2.1}$$

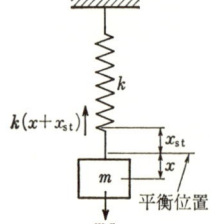

図 2.1　ばね-質量振動系

kは，ばねに作用し単位長さだけ伸縮させる力のことであり，これをばねの**こわさ**あるいは**ばね定数**という．平衡位置からの変位xの符号を，下向きに正となるようにとると，速度，加速度および力はすべて下向きが正となる．

ニュートンの運動の第2法則を用いると，この系の運動方程式は

$$m\ddot{x} = mg - k(x + x_{st}) \tag{2.2}$$

となる．ここで式 (2.1) より$mg = kx_{st}$なので，

$$m\ddot{x} = -kx \tag{2.3}$$

また，両辺をmで割って，$\omega_n^2 = k/m$とすれば

$$\ddot{x} + \omega_n^2 x = 0 \tag{2.4}$$

となる．式 (2.4) は，2階の定数係数線形常微分方程式であるので，一般解は

$$x = A \sin \omega_n t + B \cos \omega_n t \tag{2.5}$$

のように表すことができる．A, Bは，ある時刻における変位と速度，たとえば$t=0$で

$$x = x_0, \quad \dot{x} = v_0 \tag{2.6}$$

が与えられると決まる．これが**初期条件**である．式 (2.5) が式 (2.6) の条件を

満足するためには，定数 A, B は

$$A = \frac{v_0}{\omega_n}, \quad B = x_0$$

である．したがって

$$x = \frac{v_0}{\omega_n} \sin \omega_n t + x_0 \cos \omega_n t \tag{2.7}$$

または

$$\left.\begin{array}{l} x = \sqrt{x_0{}^2 + \left(\dfrac{v_0}{\omega_n}\right)^2} \sin(\omega_n t + \varphi) \\ \varphi = \tan^{-1}\left(\dfrac{x_0}{v_0/\omega_n}\right) \end{array}\right\} \tag{2.8}$$

とも書くことができる．したがって，その波形は図 2.2 のようになる．このようなばねの復原力以外に外部から何ら力が作用しないで生じる振動のことを，**自由振動**と呼ぶ．図 2.2 よりこの系の振動の**周期**は

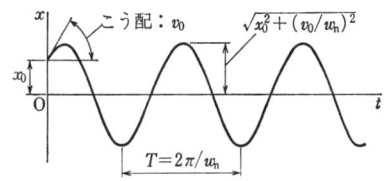

図 2.2 単振動波形

$$T = \frac{2\pi}{\omega_n} = 2\pi \sqrt{\frac{m}{k}} \tag{2.9}$$

振動数はその逆数で

$$f_n = \frac{1}{T} = \frac{\omega_n}{2\pi} = \frac{1}{2\pi}\sqrt{\frac{k}{m}} \tag{2.10}$$

となる．周期や振動数は，変位や速度などの運動状態には関係なく，質量，ばねこわさなどの振動系の定数によって決定される．この意味でこの振動数 f_n を**固有振動数**，ω_n を**固有円振動数**といい，通常添字 n をつけて表す．なお，T を**固有周期**と呼ぶことがある．一般に，f_n, ω_n, T の単位は，それぞれ Hz, rad/s, s である．

式 (2.10) は，また

$$f_n = \frac{1}{2\pi}\sqrt{\frac{g}{mg/k}} = \frac{1}{2\pi}\sqrt{\frac{g}{x_{st}}} \tag{2.11}$$

とも書ける．すなわち，この 1 自由度系の固有振動数は，ばねの静的伸び x_{st} が与えられれば得られる．

〔例題 2.1〕 質量 $m = 10$ kg のおもりが $k = 40000$ N/m のばねにつるされてい

る．この系の固有円振動数，固有振動数，固有周期を求めよ．

〔解〕 式(2.9)より，固有円振動数は $\omega_n=\sqrt{k/m}$ で与えられるから，$1\mathrm{N}=1\,\mathrm{kg}\cdot\mathrm{m/s^2}$ より

$$\omega_n=\sqrt{\frac{k}{m}}=\sqrt{\frac{40000}{10}}=63.2\,\mathrm{rad/s}$$

となる．これより，固有振動数と固有周期は次のようになる．

$$f_n=\frac{\omega_n}{2\pi}=\frac{63.2}{2\pi}=10.06\,\mathrm{s^{-1}}=10.06\,\mathrm{Hz}$$

$$T=\frac{2\pi}{\omega_n}=0.0994\,\mathrm{s}$$

(1) コイルばねのこわさ コイルばね（図2.3）は，振動や衝撃の緩和のためにしばしば用いられる．引張りと圧縮に対するこわさは

$$k=\frac{Gd^4}{8ND^3} \tag{2.12}$$

で与えられる．d はコイルの線径，D はコイルの平均直径，N はコイルの巻数（有効巻数）で，G は材料の横弾性係数を表す．

また，ねじりに対するこわさは，コイルばねを単位角度（1 rad）だけねじるのに必要なトルクに等しく

$$k_t=\frac{Ed^4}{64ND} \tag{2.13}$$

で与えられる．E は材料の縦弾性係数である．

(2) はり・板ばねのこわさ ばねの中には，はりや板の弾性を利用しているものがある．はりの弾性によるこわさは，はりのある位置に単位の大きさのた

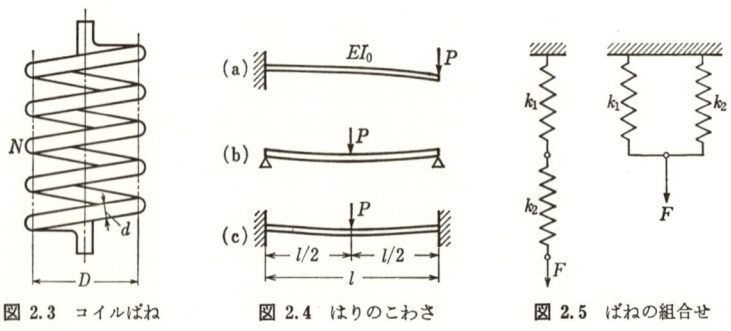

図2.3 コイルばね　　図2.4 はりのこわさ　　図2.5 ばねの組合せ

2.1 不減衰系の自由振動

表 2.1 はりのこわさ

はりの種類	はりのこわさ
(a) 片持ちはり （荷重先端）	$3EI_0/l^3$
(b) 両端支持はり （荷重中央）	$48EI_0/l^3$
(c) 両端固定はり （荷重中央）	$192EI_0/l^3$

わみを生じさせる力の大きさに等しい．図 2.4 に示す構造のはりでは，表 2.1 のような値をとる．ここで l ははりの長さ，I_0 は断面 2 次モーメントである．

（3）組合せばねのこわさ　いくつかのばねが組み合わされて用いられることが多い．その組合せ方の基準は，図 2.5 に示す直列と並列の 2 種類である．また，組合せばね全体としてのばねこわさは次のようになる．直列ばねの両端に引張り，圧縮力 F が作用すると，全体の変形量はおのおののばねの変形量の和となり，変形量がばねに作用する力とばねこわさの比で表されることから

$$\delta = \delta_1 + \delta_2, \quad \frac{F}{k} = \frac{F}{k_1} + \frac{F}{k_2}$$

となる．したがって直列ばねのこわさ k は

$$\frac{1}{k} = \frac{1}{k_1} + \frac{1}{k_2} \tag{2.14}$$

並列ばねのときは，力 F は 2 つのばねに配分されて

$$F = F_1 + F_2,$$

F が 2 つのばねの変形量が等しくなるような位置に作用する場合は

$$k\delta = k_1\delta + k_2\delta$$

したがって並列ばねのこわさは

$$k = k_1 + k_2 \tag{2.15}$$

となる．n 個のばねよりなる組合せばねに対しては

$$\text{直列ばね}: \frac{1}{k} = \sum_{i=1}^{n} \frac{1}{k_i}, \quad \text{並列ばね}: k = \sum_{i=1}^{n} k_i \tag{2.16}$$

ねじりこわさに対しても同様の関係が成立する．

〔例題 2.2〕　中央に 30 kg の質量をもつ，長さ 300 mm，直径 20 mm の鋼製両端支持はりの曲げに対するこわさはいくらか．はりの縦弾性係数は 206 GPa，はりの質量は中央に取り付けた質量に比べて無視できるものとして，固有振動数を求めよ．

〔解〕　はりの断面 2 次モーメントは

$$I_0 = \frac{\pi}{64} \times 0.02^4 = 7.9 \times 10^{-9} \text{ m}^4$$

縦弾性係数 $E = 206 \text{ GPa} = 206 \times 10^9 \text{ N/m}^2$ で，はりのこわさは表 2.1（b）より

$$k = \frac{48EI_0}{l^3} = \frac{48 \times 206 \times 10^9 \times 7.9 \times 10^{-9}}{0.30^3} = 2.9 \times 10^6 \text{ N/m}$$

あるいは 2.9 MN/m である．

固有振動数は式（2.10）より

$$f_n = \frac{1}{2\pi}\sqrt{\frac{k}{m}} = \frac{1}{2\pi}\sqrt{\frac{2.9 \times 10^6}{30}} = 49.5 \text{ Hz}$$

b. 回転振動

図 2.6 のように一端が固定され，他端に円板をもつ弾性軸を，ねじった後放すとねじり振動（回転振動）が生じる．固定端に対し，角度 θ だけねじられた円板には，その角度に比例する復原トルクが働く．単位の角度（1 rad）だけ弾性軸をねじるのに必要なトルクを軸のねじりこわさといい

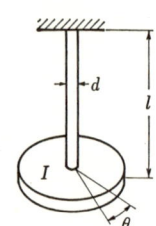

図 2.6 自由端に円板を有する弾性軸

$$k_t = \frac{G\pi d^4}{32l} \quad (2.17)$$

で与えられる．d は軸の直径，l は長さ，G は軸の材料の横弾性係数を表す．

円板の中心軸に関する慣性モーメントを I とし，軸の回転慣性は小さいとして無視すれば，円板のねじり振動の方程式は次式で表される．

$$I\ddot{\theta} + k_t\theta = 0 \quad (2.18)$$

式（2.18）を I で割って $\omega_n^2 = k_t/I$ とすれば，式（2.4）と同じ形になる．したがって円板の固有振動数は

$$f_n = \frac{1}{2\pi}\sqrt{\frac{G\pi d^4}{32Il}} \quad (2.19)$$

と表せる．

（1）等価ねじり軸 一般に機械に用いられる軸は，図 2.7 のようにいくつかの異なった直径の軸からなる場合が多い．このようなときは，一定の直径をもつ等価ねじり軸を考える．全体の軸のねじりこわさはそれぞれのばねこわさが

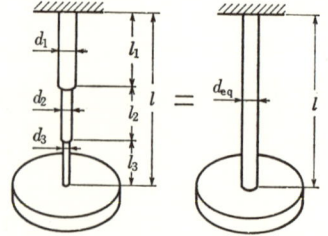

図 2.7 等価ねじり弾性軸

$$k_{ti} = \frac{G\pi d_i^4}{32l_i}$$

の直列ばねのこわさに等しいと考えられるから，直径が段階的に変化する軸を，これと同一のねじりこわさをもつ一定直径 d_{eq} の等価ねじり軸におきかえると，式 (2.16) より

$$\frac{32l}{G\pi d_{eq}^4} = \sum_{i=1}^{n}\frac{32l_i}{G\pi d_i^4} \quad \left(l = \sum_{i=1}^{n} l_i\right)$$

したがって，等価ねじり軸の直径は

$$d_{eq} = \sqrt[4]{\frac{l}{\sum_{i=1}^{n}(l_i/d_i^4)}} \tag{2.20}$$

で与えられる．

（2） **振子の振動**

鉛直振子　図 2.8 のように振子の支点と重心を結んだ直線が鉛直線と θ の角をなすとき，振子の支点には重力による $Mgl\sin\theta$ の復原モーメントが作用し，振子の回転運動の方程式は

$$I\ddot{\theta} = -Mgl\sin\theta \tag{2.21}$$

となる．l は支点から重心までの距離，M は振子の質量，I は支点まわりの振子の**慣性モーメント**である．

θ が小さく，$\sin\theta \fallingdotseq \theta$ とみなせる場合は，次式となる．

$$I\ddot{\theta} + Mgl\theta = 0 \tag{2.22}$$

これは，直線振動の式 (2.4) と同形になるので，振子の周期は

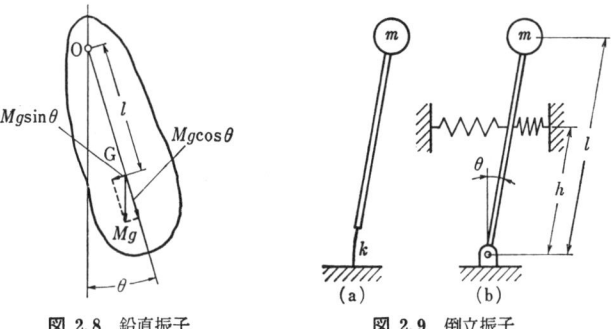

図 2.8　鉛直振子　　　図 2.9　倒立振子

$$T = 2\pi\sqrt{\frac{I}{Mgl}} \tag{2.23}$$

で，振子の振幅に無関係な定数となる（振子の等時性）．振子の振幅が大きい場合は式 (2.22) の近似は不正確で，振子の等時性は成り立たない．振子の支点まわりの慣性モーメントは，I_G を重心まわりの慣性モーメントとすると，平行軸の定理により $I = I_G + Ml^2$ となるが，糸や軽い針金で小さい物体をつったいわゆる単振子では，$I_G \ll Ml^2$ と考えられるので，振子の周期

$$T = 2\pi\sqrt{\frac{l}{g}} \tag{2.24}$$

が得られる．

倒立振子　振子を図 2.9 のように倒立させて，これを板ばね（a）やコイルばね（b）で支えたものを倒立振子という．この場合は，振子に作用する重力は振子の振れ角を大きくするような方向に作用する．図 2.9 (b) の場合について考えてみよう．支点から重心までの高さを l，ばねを取り付けた点までの高さを h とすると，振れ角 θ が大きくなければ

$$ml^2\ddot{\theta} = mgl\theta - kh^2\theta \tag{2.25}$$

となり $kh^2 > mgl$ のときは正の復原モーメントを生じ，固有振動数は

$$f_n = \frac{1}{2\pi}\sqrt{\frac{kh^2 - mgl}{ml^2}} \tag{2.26}$$

となる．$kh^2 < mgl$ のときは倒れ，振動は起こらない．

c. エネルギ法

よく知られているように，保存系においては，エネルギの総和は常に一定である．振動系の固有振動数は，このエネルギ保存の法則を用いても同じ結果が得られ，かつ計算が容易なことがある．振動系のエネルギは**運動エネルギ** T と**ポテンシャルエネルギ** U の和として表され，前者は質量に速度の形でたくわえられ，後者は弾性変形におけるひずみエネルギや，重力などの力の場においてなされた仕事の形でたくわえられる．このことから

$$\left.\begin{aligned} T + U &= E \text{ (一定)} \\ \frac{d}{dt}(T+U) &= 0 \end{aligned}\right\} \tag{2.27}$$

これらの関係を用いて，振動系の固有振動数を求めることができる．保存系では力学エネルギは一定であり，系の (T, U) は $(T_{\max}, 0)$ と $(0, U_{\max})$ の間で

変化する．したがって

$$T_{\max} = U_{\max} \tag{2.28}$$

である．図2.1に示した振動系を例にとってみよう．この系においては運動エネルギは

$$T = \frac{1}{2} m \dot{x}^2 \tag{2.29}$$

で，ポテンシャルエネルギは，ばねが x だけ変位するまでに振動系にたくわえられる仕事に等しい．ばね力は $mg + kx$ であり，ばねに加えられた仕事は

$$\int_0^x (mg + kx) dx = mgx + \frac{1}{2} kx^2 \tag{2.30}$$

となる．物体の変位 x に対して位置エネルギは mgx だけ減少し，結局ばねにたくわえられるポテンシャルエネルギは

$$U = \frac{1}{2} kx^2 \tag{2.31}$$

となる．この系の振動を，$x = A \sin \omega_n t$ で表される単振動であるとすると

$$\left. \begin{array}{l} T = \frac{1}{2} m \dot{x}^2 = \frac{1}{2} m A^2 \omega_n^2 \cos^2 \omega_n t \\ U = \frac{1}{2} k x^2 = \frac{1}{2} k A^2 \sin^2 \omega_n t \end{array} \right\} \tag{2.32}$$

となり，それらの最大値はそれぞれ

$$T_{\max} = \frac{1}{2} m A^2 \omega_n^2, \quad U_{\max} = \frac{1}{2} k A^2$$

となるので，式(2.28)を用いて容易に

$$\omega_n = \sqrt{\frac{k}{m}}$$

が得られる．このように微分方程式を解かないで式(2.28)を用いても，振動系の固有振動数を求めることができる．

〔例題 2.3〕 図2.10のように支持された，中心軸まわりの慣性モーメント I の2連滑車の回転運動の固有円振動数をエネルギ法を用いて求めよ．

〔解〕 この系の運動エネルギは

$$T = \frac{1}{2} I \dot{\theta}^2 + \frac{1}{2} m (r_1 \dot{\theta})^2$$

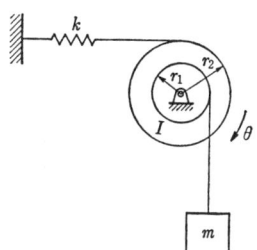

図 2.10 2連滑車の振動

また,ポテンシャルエネルギは

$$U = \frac{1}{2}k(r_2\theta)^2$$

である.この系は固有円振動数 ω_n の単振動 $\theta = A \sin \omega_n t$ をすると考えると,上式はそれぞれ

$$T = \frac{1}{2}(I + mr_1^2) A^2 \omega_n^2 \cos^2 \omega_n t$$

$$U = \frac{1}{2}k r_2^2 A^2 \sin^2 \omega_n t$$

のように書き直される.

したがって両者の最大値は

$$T_{\max} = \frac{1}{2}(I + mr_1^2) A^2 \omega_n^2$$

$$U_{\max} = \frac{1}{2}k r_2^2 A^2$$

となるので,式 (2.28) により両者を等しいとおくことによって固有円振動数

$$\omega_n = \sqrt{\frac{k r_2^2}{I + mr_1^2}}$$

が得られる.

d. ばねの等価質量

上の計算では,取り付けられた物体の質量に比べてばねやはりの質量は小さいとして無視した.しかし質量が無視できない場合には補正が必要である.次に,エネルギ法を用いたレーレー (Rayleigh) の固有振動数計算法について述べる.

ばねやはりは質量が分布する連続体である.したがってエネルギ法を用いるには,連続体としての運動エネルギとポテンシャルエネルギの値が必要であり,各部分の変形もわからなければならない.レーレーは合理的なたわみを仮定することにより,固有振動数の近似値を得る方法を示した.コイルばねの場合の例を示す.

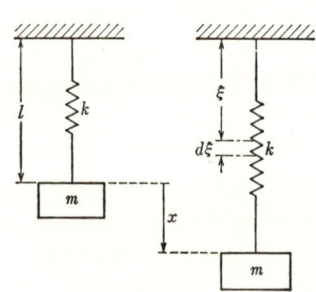

図 2.11 ばね-質量振動系

〔例題 2.4〕 図 2.11 のばね-質量振動系においてばねの質量が無視できない場

合の固有振動数を求めよ．

〔解〕 質量の変位を x とおき，また固定端より ξ の位置の微小部分 $d\xi$ の変位は固定端からの長さに比例すると仮定して，$(\xi/l)x$ とする（図 2.11）．ここで l は平衡状態にあるばねの全長である．ばねの単位長さ当たりの質量を ρ とすると，ばねの全質量は $m_\mathrm{s} = \rho l$，微小部分の質量は $\rho d\xi$，速度は $(\xi/l)\dot{x}$ となる．この振動系の運動エネルギは物体とばねがもつエネルギの和に等しく

$$T = \frac{1}{2}m\dot{x}^2 + \int_0^l \frac{1}{2}\rho d\xi \left(\frac{\xi}{l}\dot{x}\right)^2$$

$$= \frac{1}{2}\left(m + \frac{1}{3}\rho l\right)\dot{x}^2 = \frac{1}{2}\left(m + \frac{m_\mathrm{s}}{3}\right)\dot{x}^2$$

となる．一方ポテンシャルエネルギは

$$U = \frac{1}{2}kx^2$$

である．自由端は単振動 $x = A\sin\omega_\mathrm{n} t$ をすると仮定すれば，上式はそれぞれ

$$T = \frac{1}{2}\left(m + \frac{m_\mathrm{s}}{3}\right)\omega_\mathrm{n}^2 A^2 \cos^2 \omega_\mathrm{n} t$$

$$U = \frac{1}{2}kA^2 \sin^2 \omega_\mathrm{n} t$$

となる．したがって，式 (2.28) により，両者の最大値を等しいとおくと

$$\frac{1}{2}\left(m + \frac{m_\mathrm{s}}{3}\right)\omega_\mathrm{n}^2 A^2 = \frac{1}{2}kA^2$$

となり，固有振動数

$$f_\mathrm{n} = \frac{\omega_\mathrm{n}}{2\pi} = \frac{1}{2\pi}\sqrt{\frac{k}{m + m_\mathrm{s}/3}}$$

が得られる．すなわち，等価質量はおもりの質量にばねの質量の 1/3 を加えたものになり，固有振動数は，ばねの質量を無視した場合に比べて小さくなることがわかる．

2.2 粘性減衰系の自由振動

実際の振動系では，必ず何らかの減衰力をともなっているので，一定振幅の自由振動が続くことはなく，時間の経過につれて振幅が減少する．減衰力にはいろいろの形式のものがあるが，代表的な例として，物体が流体中を運動するとき流体の粘性によって起こる**粘性減衰**の場合について考えてみよう．この減衰力は物

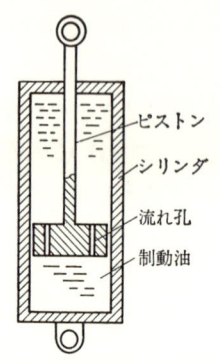
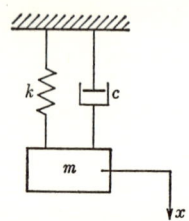

図 2.12 流れを利用したダンパ　　図 2.13 1自由度粘性減衰振動系

体の運動の速度に比例するもので，この形式の減衰力は振動や衝撃の緩和によく利用されている．この種のダンパは一般に図 2.12 のような構造になっている．1自由度系振動モデルは，図 2.13 のように表される．c を**粘性減衰係数**とすると，物体には減衰力 $-c\dot{x}$ とばねの復原力 $-kx$ が働くので，運動方程式は

$$m\ddot{x} = -c\dot{x} - kx$$

すなわち

$$m\ddot{x} + c\dot{x} + kx = 0 \tag{2.33}$$

となる．式 (2.33) は定数係数をもつ線形の微分方程式で，A と B を任意定数とすれば

$$x = Ae^{s_1 t} + Be^{s_2 t} \tag{2.34}$$

という一般解をもつ．s_1, s_2 は**特性方程式**

$$ms^2 + cs + k = 0 \tag{2.35}$$

の特性根で

$$s_1, s_2 = -\frac{c}{2m} \pm \sqrt{\left(\frac{c}{2m}\right)^2 - \frac{k}{m}} \tag{2.36}$$

である．これらは $c \geqq 2\sqrt{mk}$ であるか，あるいは $c < 2\sqrt{mk}$ であるかにより実数か，または虚数となり，系の運動の性質が変わってくる．このとき

$$c_c = 2\sqrt{mk} \tag{2.37}$$

を**臨界減衰係数**という．また臨界減衰係数に対する減衰係数の比

$$\zeta = \frac{c}{c_c} \tag{2.38}$$

2.2 粘性減衰系の自由振動

を**減衰比**と呼ぶ．これを用いて式 (2.36) を書き直すと

$$s_1, \ s_2 = (-\zeta \pm \sqrt{\zeta^2 - 1})\omega_n \tag{2.39}$$

となる．次に系の運動の性質を $c \lessgtr c_c$ ($\zeta \lessgtr 1$) のそれぞれの場合について調べてみる．

（1） $c < c_c$ ($\zeta < 1$) の場合　　s_1 と s_2 は共役複素数となり

$$s_1, \ s_2 = (-\zeta \pm j\sqrt{1-\zeta^2})\omega_n \tag{2.40}$$

と表せる．したがって一般解 (2.34) は

$$x = e^{-\zeta \omega_n t}(Ae^{j\sqrt{1-\zeta^2}\omega_n t} + Be^{-j\sqrt{1-\zeta^2}\omega_n t})$$

となるが

$$e^{\pm jx} = \cos x \pm j \sin x \tag{2.41}$$

を用いると

$$x = e^{-\zeta \omega_n t}\{(A+B)\cos \omega_d t + j(A-B)\sin \omega_d t\} \tag{2.42}$$

実数部をとって

$$x = e^{-\zeta \omega_n t}\{(A_1+A_2)\cos \omega_d t + (B_2-B_1)\sin \omega_d t\} \tag{2.43}$$

となる．A_1, A_2 および B_1, B_2 は A, B の実数部および虚数部の実数定数（$A = A_1 + jB_1$, $B = A_2 + jB_2$）であるから，(A_1+A_2) および (B_2-B_1) をあらためて A, B とおくと，式 (2.33) の一般解は

$$x = e^{-\zeta \omega_n t}(A \cos \omega_d t + B \sin \omega_d t)$$
$$= Ce^{-\zeta \omega_n t}\sin(\omega_d t + \varphi) \tag{2.44}$$

と表せる．$\omega_d = \sqrt{1-\zeta^2}\omega_n$ は減衰固有円振動数で，不減衰系の値 ω_n に比べるとやや小さいが，実際の振動系では通常 ζ の値は小さいので，ω_d と ω_n の値はほとんど同一である．

この場合，系の運動は，図 2.14 に示すように単振動の振幅が時間の経過とともに減衰するものである．このような振動を**粘性減衰振動**という．式 (2.44) における定数 A, B は，初期条件によって決定される．すなわち $t = 0$ で

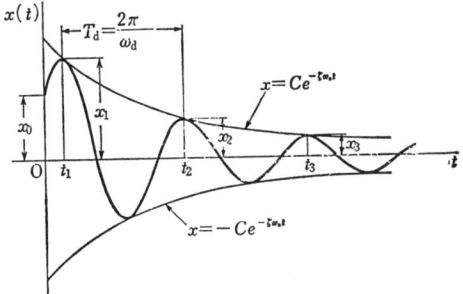

図 2.14　粘性減衰系の自由振動（$0 < \zeta < 1$）

であったとすると

$$A = x_0, \quad B = \frac{\zeta\omega_\mathrm{n} x_0 + v_0}{\omega_\mathrm{d}}$$

で，式 (2.44) は

$$x = e^{-\zeta\omega_\mathrm{n} t}\left(x_0 \cos \omega_\mathrm{d} t + \frac{\zeta\omega_\mathrm{n} x_0 + v_0}{\omega_\mathrm{d}} \sin \omega_\mathrm{d} t\right) \tag{2.45}$$

となる．

対数減衰率　式 (2.44) で表される減衰振動曲線は，$\sin(\omega_\mathrm{d} t + \varphi) = \pm 1$ のとき，振幅を表す包絡線 $Ce^{-\zeta\omega_\mathrm{n} t}$ に接する．図 2.14 のように振動曲線の極大値（極小値）はその少し前で生じるが，その差は小さいので，両曲線が接する時刻に極大値（極小値）をとるものと考えてよい．ゆえに，隣り合う極大値の間の時間は $2\pi/\omega_\mathrm{d}$ である．

次に第 n 番目の山の高さと第 $n+1$ 番目の山の高さとの比は

$$\frac{x_n}{x_{n+1}} = e^{\zeta\omega_\mathrm{n} \frac{2\pi}{\omega_\mathrm{d}}} = e^{\frac{2\pi\zeta}{\sqrt{1-\zeta^2}}} \tag{2.46}$$

となり，これは n のいかんにかかわらず常に一定である．すなわち振幅は 1 周期ごとに $e^{-\frac{2\pi\zeta}{\sqrt{1-\zeta^2}}}$ 倍になり，等比級数的に減少する．式 (2.46) の比の対数は

$$\delta = \ln\frac{x_n}{x_{n+1}} = \frac{2\pi\zeta}{\sqrt{1-\zeta^2}} \tag{2.47}$$

となり，この値はこの減衰振動の減衰割合を示す 1 つの指標であり，**対数減衰率**と呼ぶ．実際には ζ は小さくて

$$\delta = 2\pi\zeta \tag{2.48}$$

とおいてかまわない場合が多い．また N を適当な正整数とすれば

$$\frac{x_n}{x_{n+1}} = \frac{x_{n+1}}{x_{n+2}} = \cdots = \frac{x_{n+N-1}}{x_{n+N}} \tag{2.49}$$

となるので

$$\frac{1}{N}\ln\left(\frac{x_n}{x_{n+N}}\right) = \frac{2\pi\zeta}{\sqrt{1-\zeta^2}} = \delta \tag{2.50}$$

となり，この式は系の減衰比 ζ あるいは減衰係数 c を振動実験により求めるときによく用いられる．減衰系の質量とばね定数は，静止力を加えるなど静的な実験によってそれらの値を知ることができるが，減衰係数は振動実験によらなければならない．

2.2 粘性減衰系の自由振動

（2） $c=c_c(\zeta=1)$ の場合　　$s_1=s_2$ となり，式（2.33）の一般解は

$$x=(A+Bt)e^{-\zeta\omega_n t} \tag{2.51}$$

となる．$t=0$ のとき

$$x=x_0, \quad \dot{x}=v_0$$

であったとすれば，定数 A，B は

$$A=x_0, \quad B=v_0+\zeta\omega_n x_0$$

で式（2.51）は

$$x=e^{-\zeta\omega_n t}\{(v_0+\zeta\omega_n x_0)t+x_0\} \tag{2.52}$$

となる．この場合の運動は，図2.15のように，初期速度 v_0 の符号によって変化するが，系は振動することなく減衰運動をする．これを**臨界減衰**という．

（3） $c>c_c(\zeta>1)$ の場合　　s_1，s_2 は相異なる負の実数となり，式（2.34）は

$$x=Ae^{(-\zeta+\sqrt{\zeta^2-1})\omega_n t}+Be^{(-\zeta-\sqrt{\zeta^2-1})\omega_n t} \tag{2.53}$$

となる．定数 A，B は初期条件 $t=0$ で，$x=x_0$，$\dot{x}=v_0$ によって決められる．この場合の運動は，図2.16に示すように，振動せずに平衡位置まで減衰し，停止する．このような運動を**過減衰**と呼ぶ．

〔**例題 2.5**〕　質量 15 kg，ばねこわさ 160 kN/m の粘性減衰系を自由振動させたところ，5回の振動の後，振幅の最大値が最初の 40% に減少したという．この系の減衰比，臨界減衰係数および減衰係数を求めよ．

〔**解**〕　式（2.50）より

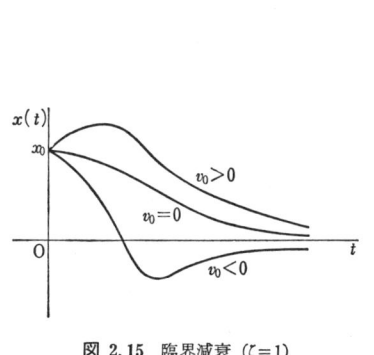

図 2.15　臨界減衰（$\zeta=1$）

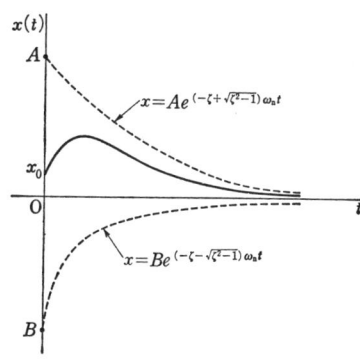

図 2.16　過減衰（$\zeta>1$）

$$\frac{1}{5}\ln\frac{x_1}{x_6}=\frac{2\pi\zeta}{\sqrt{1-\zeta^2}}\fallingdotseq 2\pi\zeta$$

$x_1/x_6=1/0.4=2.5$ であるから，減衰比は

$$\zeta=\frac{1}{10\pi}\ln 2.5=0.029$$

臨界減衰係数は

$$c_c=2\sqrt{mk}=2\sqrt{15\times 160\times 10^3}=3.1\text{ kN/(m/s)}$$

で，減衰係数は

$$c=\zeta c_c=0.029\times 3.1\times 10^3=90\text{ N/(m/s)}$$

となる．

例 ねじり振動系の減衰振動　図 2.17 に示すように，一端が固定されたねじりこわさ k_t の弾性軸の自由端には慣性モーメント I の円板が取り付けられている．円板に粘性減衰トルクが作用するときの系のねじり振動の方程式は

$$I\ddot{\theta}+c_t\dot{\theta}+k_t\theta=0 \qquad (2.54)$$

で与えられる．ここで，$c_t(c_t=r^2c)$ はねじり減衰係数を表す．この系の限界ねじり減衰係数は

$$(c_t)_c=2\sqrt{Ik_t} \qquad (2.55)$$

である．

図 2.17 粘性減衰ねじり振動系

2.3 位相平面による振動の表示

微分方程式を解くことが困難である振動系の性質を定性的に調べるために，物体の変位 x と速度 v を軸として，平面上に物体の運動を描く場合がある．この x, v を直交座標に選んだ x-v 平面を**位相平面**といい，この平面上の点を**状況点**，状況点の移動する軌跡を**位相平面トラジェクトリ**という．この方法をばね-質量系（図 2.1）の場合について説明する．

運動方程式は

$$m\ddot{x}+kx=0 \qquad (2.56)$$

ここで $\dot{x}=v$ とおくと，$\ddot{x}=(dv/dx)\dot{x}=v(dv/dx)$ より，式 (2.56) は次式のように書ける．

$$mv\frac{dv}{dx}+kx=0 \qquad (2.57)$$

この式を x について積分すると

$$\frac{1}{2}mv^2 + \frac{1}{2}kx^2 = E \tag{2.58}$$

となり，不減衰系では運動エネルギとポテンシャルエネルギの和（全エネルギ）が運動中一定で，保存系であることを表している．式(2.58)が表す曲線は，位相平面上において図2.18に示すようなだ円となる．すなわち，運動中の変位と速度を表す点 (x, v) は，このだ円上を時計方向に回転し，$v=0$ において

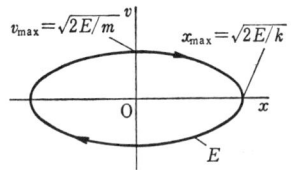

図 2.18 不減衰系の位相平面トラジェクトリ

変位の絶対値が最大（$x_{\max}=\sqrt{2E/k}$），$x=0$ において速度の絶対値が最大（$v_{\max}=\sqrt{2E/m}$）となる．

位相平面トラジェクトリが閉曲線となる振動は周期運動である．その周期は次式から求められる．

$$T = \oint dt = \oint \frac{dx}{v} \tag{2.59}$$

ここで，記号 $\oint$ は閉曲線に沿って1周積分することを意味する．

位相平面の原点 $x=v=0$ は，一種の（退化した）位相平面トラジェクトリであり，式（2.56）の無意味な解に相当する．これはまた，式（2.57）を書きかえた

$$\frac{dv}{dx} = -\omega_n^2 \frac{x}{v} \tag{2.60}$$

の右辺を $0/0$ にする．このような点を**特異点**といい，またこの場合の特異点を**中心点**，あるいは**渦心点**と呼ぶ．

次に，減衰系の場合の位相平面トラジェクトリについて述べる．式（2.33）は

$$\frac{dv}{dx} = -\frac{\omega_n^2 x + 2\zeta\omega_n v}{v} \tag{2.61}$$

となるが，減衰系では $\zeta > 0$ であるから

$$\frac{dv}{dx} = -\frac{\omega_n^2 x}{v} - 2\zeta\omega_n < -\frac{\omega_n^2 x}{v} \tag{2.62}$$

となり，トラジェクトリの接線のこう配は不減衰系のこう配より小さく，図2.19のようにだ円の外部より内側に向かう．$\zeta < 1$ の減衰振動系では，位相平面トラ

ジェクトリは，図2.20のように，ら
せんとなり，しだいに原点に近づい
ていく．この場合の特異点である原
点を**焦点**，あるいは**渦状点**と呼ぶ．
位相平面トラジェクトリは，微分方
程式を解いて求めることが困難な場
合，等傾線法といわれる方法で図式
的に求めることができる．

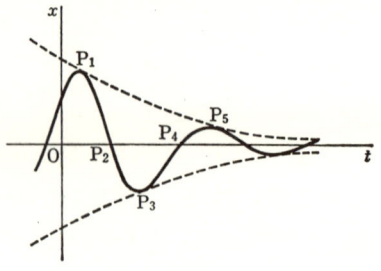

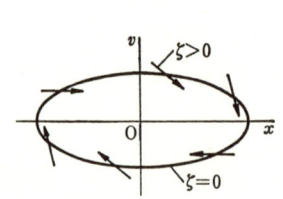

図 2.19 だ円と減衰系のトラジェク
トリの方向

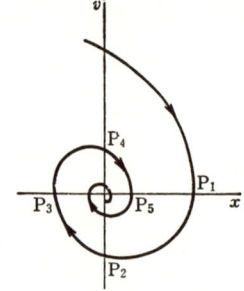

図 2.20 粘性減衰振動

2.4 クーロン減衰系の振動

図2.21のように，ばねkと質量mの物体からなる1自由度振動系が乾いた固体表面で支えられており，作用する減衰力が乾性固体摩擦に基づく場合の自由振

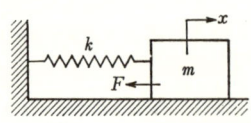

図 2.21 クーロン形減衰振動系

動について考えてみよう．この場合の減衰力は変位や速度に無関係で，2つの物体間の垂直力に比例するクーロン形とみなすことができる．摩擦力を$F(F=\mu mg, \mu：摩擦係数)$とすると，質量mに働く摩擦力は速度$\dot{x}$の正負によって$+F$または$-F$となり，運動方程式は

$$m\ddot{x}+kx=\begin{cases}-F & (\dot{x}>0)\\+F & (\dot{x}<0)\end{cases} \quad (2.63)$$

と書ける．一般解は右辺を0とした自由振動の解（基本解）と特解の和で与えられるから

2.4 クーロン減衰系の振動

$$x = \begin{cases} A_1 \cos \omega_n t + B_1 \sin \omega_n t - e & (\dot{x} > 0) \\ A_2 \cos \omega_n t + B_2 \sin \omega_n t + e & (\dot{x} < 0) \end{cases} \quad (2.64)$$

となる．これは $\dot{x}$ の向きによって振動の中心が摩擦力によるばねの静たわみ $e = F/k$ だけどちらかの側へ寄った単振動を示す．またその固有振動数は摩擦力が働かない場合と同一である．定数 A_1, B_1, A_2, B_2 は初期条件と $\dot{x} = 0$ となる時刻における連続条件から決められる．

初期条件を $t=0$ のとき $x=x_0$ $(x_0>0)$, $\dot{x}=0$ とすると，それ以後は $\dot{x}<0$ となる．したがってまず式 (2.64) の第2式の運動が生じ，初期条件から $A_2 = x_0 - e$, $B_2 = 0$ となるから

$$x = (x_0 - e) \cos \omega_n t + e \quad \left(0 \leq t \leq \frac{\pi}{\omega_n}\right) \quad (2.65)$$

となる．1/2サイクル経過して $t = \pi/\omega_n$ のとき $x = -x_0 + 2e$, $\dot{x} = 0$ で，それ以後は $\dot{x} > 0$ となる．$t = \pi/\omega_n$ において $\dot{x} = 0$ で x が連続であることから，$A_1 = x_0 - 3e$, $B_1 = 0$ となり，式 (2.64) の第1式は

$$x = (x_0 - 3e) \cos \omega_n t - e \quad \left(\frac{\pi}{\omega_n} \leq t \leq \frac{2\pi}{\omega_n}\right) \quad (2.66)$$

さらに1サイクル後 $(t = 2\pi/\omega_n)$ には，$x = x_0 - 4e$, $\dot{x} = 0$ となる．以後の運動は同様の計算を繰り返すことによってわかる．この系の運動は，図 2.22 のように，$\dot{x}$ の正負によって交互に $x = e$ あるいは $-e$ を基線とする，1/2サイクルごとに振幅が $2e$ ずつ等

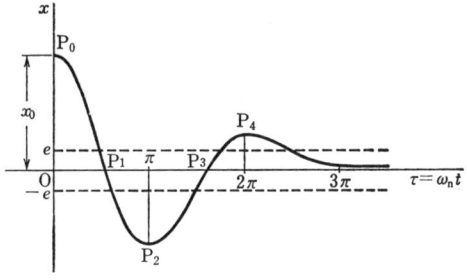

図 2.22 クーロン形減衰振動

差級数的に減少する振動で，振幅がしだいに減少して e より小さい範囲に入ると，ばね力が摩擦力より小さくなるので運動は停止する．

次にこの運動を位相平面トラジェクトリを用いて調べてみる．

$\dot{x} = v$ とおいて式 (2.63) を書きかえると

$$v \frac{dv}{dx} + \omega_n^2 (x \pm e) = 0 \quad (v \gtreqless 0) \quad (2.67)$$

複号 $\pm$ は $v \gtreqless 0$ のそれぞれの場合に対応する．両辺を x に関して積分すると

$$\left(\frac{v}{\omega_\mathrm{n}}\right)^2 + (x \pm e)^2 = E \text{ (一定)} \qquad (v \gtrless 0) \qquad (2.68)$$

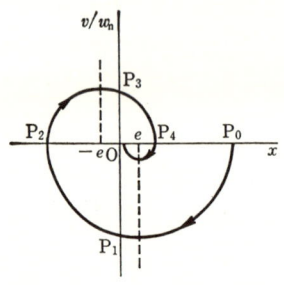

図 2.23 クーロン減衰系の位相平面トラジェクトリ

となる．この曲線を，x を横軸，v/ω_n (ω_n：定数) を縦軸にとった位相平面上に描くと，図 2.23 のように，$v>0$ のとき $(-e, 0)$ を中心とする半円，$v<0$ のとき $(e, 0)$ を中心とする半円になる．$P_0(x_0, 0)$ から出発した状況点は，中心の位置と半径を交互に変えながら，半円を描いて原点に近づく．$-e<x<e$ の範囲に入ると，ばねの力が摩擦力より小さくなり運動は停止する．

2.5 調和加振力を受ける粘性減衰系の強制振動

減衰系における自由振動は，減衰力によるエネルギの消失のため，やがて減衰する．しかし，振動系にエネルギが継続して与えられると，一定の振動が維持される．外部からの加振力の作用による系の振動を，一般に**強制振動**と呼ぶ．図 2.24 に示すような調和加振力 $F_0 \sin \omega t$ が働く粘性減衰系の振動を調べてみる．F_0 は加振力の振幅，ω は円振動数を表す．

この場合の運動方程式は

$$m\ddot{x} = -c\dot{x} - kx + F_0 \sin \omega t$$

これを書き直すと

$$m\ddot{x} + c\dot{x} + kx = F_0 \sin \omega t \qquad (2.69)$$

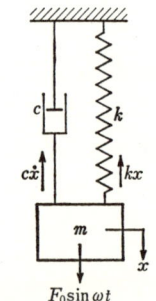

図 2.24 粘性減衰系の強制振動

となる．一般解は右辺 $=0$ の自由振動の解（基本解）と，強制力が働く場合の特解の和で与えられる．このうち，自由振動は時間の経過とともに減衰する．特解は，加振が定常的に持続する場合には**定常振動**となる．これは加振力の振動数と同じ振動数をもった一定振幅の振動であって，時間が十分経過した後はこの振動だけが残る．この定常振動を強制振動と呼ぶことが多い．次に，定常振動を求める 2 つの方法について説明しよう．

（1） 係数の比較によって決定する方法 いま定常振動を

$$x = C \sin \omega t + D \cos \omega t$$

と書いて，式 (2.69) の左辺に代入し整理すると

$$\{(k-m\omega^2)C - c\omega D\}\sin\omega t + \{c\omega C + (k-m\omega^2)D\}\cos\omega t = F_0 \sin\omega t$$

この関係が恒常的に成り立つためには，両辺の各項の係数が等しくなければならない．したがって

$$\left.\begin{array}{l}(k-m\omega^2)C - c\omega D = F_0 \\ c\omega C + (k-m\omega^2)D = 0\end{array}\right\}$$

の式を解いて定数 C, D を求め，定常振動の解

$$\begin{aligned}x &= \frac{F_0}{(k-m\omega^2)^2 + (c\omega)^2}\{(k-m\omega^2)\sin\omega t - c\omega\cos\omega t\} \\ &= A\sin(\omega t - \varphi)\end{aligned} \tag{2.70}$$

を得る．ここで

$$A = \frac{F_0}{\sqrt{(k-m\omega^2)^2 + (c\omega)^2}}, \quad \varphi = \tan^{-1}\frac{c\omega}{k-m\omega^2} \tag{2.71}$$

である．A は強制振動の振幅，φ は位相角で，応答変位の加振力の位相からの遅れを示す．

（2） 複素数を用いた解法　調和加振力による粘性減衰系の強制振動は，加振力の振動数と同一の振動数をもつ単振動であるから，加振力を

$$F = F_0 e^{j\omega t} \tag{2.72}$$

の回転ベクトルで表すと，変位も同一の角速度で回転するベクトル

$$x = A e^{j(\omega t - \varphi)} \tag{2.73}$$

で表される．また式 (2.72) を用いて運動方程式を書くと

$$m\ddot{x} + c\dot{x} + kx = F_0 e^{j\omega t} \tag{2.74}$$

となる．式 (2.73) を

$$x = \tilde{A} e^{j\omega t} \tag{2.75}$$

と書けば

$$\tilde{A} = A e^{-j\varphi} \tag{2.76}$$

となり，これは位相角 φ を含む複素振幅で，加振力に対する変位の角位置を決定するベクトル量でもある．式 (2.75) を式 (2.74) に代入すると

$$\{(k-m\omega^2) + jc\omega\}\tilde{A}e^{j\omega t} = F_0 e^{j\omega t} \tag{2.77}$$

となり，これより

$$\tilde{A} = \frac{F_0}{(k-m\omega^2) + jc\omega} = \frac{F_0 e^{-j\varphi}}{\sqrt{(k-m\omega^2)^2 + (c\omega)^2}} \tag{2.78}$$

が得られる．ここで φ は位相差で

$$\varphi = \tan^{-1}\frac{c\omega}{k-m\omega^2} \tag{2.79}$$

で与えられる（図 2.25 参照）．

この $\tilde{A}$ を式（2.75）に代入して，求める解は

$$\begin{aligned}
x &= \mathrm{Im}\,\tilde{A}e^{j\omega t} \\
&= \mathrm{Im}\frac{F_0}{\sqrt{(k-m\omega^2)^2+(c\omega)^2}}e^{j(\omega t-\varphi)} \\
&= \frac{F_0}{\sqrt{(k-m\omega^2)^2+(c\omega)^2}}\sin(\omega t-\varphi)
\end{aligned} \tag{2.80}$$

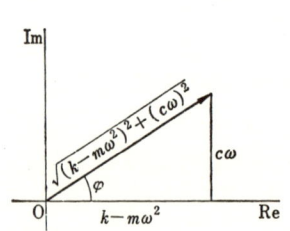

図 2.25 $(k-m\omega^2)+jc\omega$ のベクトル

となる．この結果は，（1）で得られた，式（2.70）と同じである．

振幅倍率と位相　振幅と位相角を F_0 による静たわみ $A_{\mathrm{st}}=F_0/k$ と ω_n, ζ を用いて，式（2.71）を次のように無次元式で書くと便利である．

$$\frac{A}{A_{\mathrm{st}}} = \frac{1}{\sqrt{\{1-(\omega/\omega_\mathrm{n})^2\}^2+(2\zeta\omega/\omega_\mathrm{n})^2}} \tag{2.81}$$

$$\varphi = \tan^{-1}\frac{2\zeta\omega/\omega_\mathrm{n}}{1-(\omega/\omega_\mathrm{n})^2} \tag{2.82}$$

A/A_{st} は静たわみに対する強制振動の振幅比であり，**振幅倍率**と呼ばれる．A/A_{st} と φ は振動数比 ω/ω_n と減衰比 ζ のみの関数で，これを図 2.26 および図 2.27 に示す．

これらの図より，振幅倍率曲線は次のような性質をもっていることがわかる．

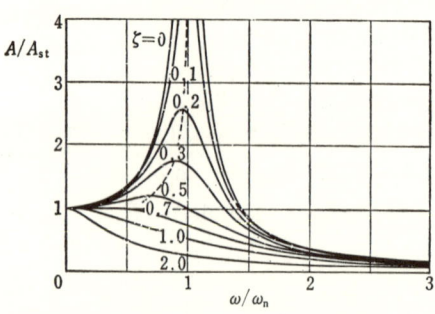

図 2.26　正弦加振力による粘性減衰系の振幅倍率曲線

2.5 調和加振力を受ける粘性減衰系の強制振動

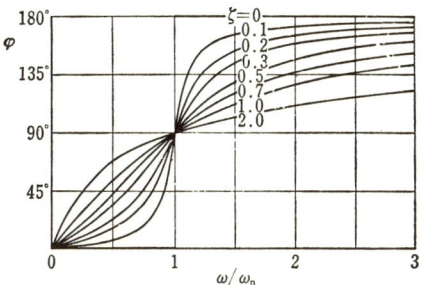

図 2.27 正弦加振力による粘性減衰系の位相曲線

① $\omega/\omega_n=0$ のとき，$A/A_{st}=1$，$\varphi=0°$ となり，$\omega/\omega_n\to\infty$ のとき，$A/A_{st}\to 0$，$\varphi=180°$ となる．

② $\omega/\omega_n=1$ の共振点では，$A/A_{st}=1/2\zeta$，$\varphi=90°$（ζ に無関係）となる．

③ $\zeta>1/\sqrt{2}=0.707$ の場合は極大値は存在しない．

④ A/A_{st} の極大値は $\omega/\omega_n=\sqrt{1-2\zeta^2}$ のとき生じ，A/A_{st} と φ の値は

$$極大値\quad (A/A_{st})_{max}=\frac{1}{2\zeta\sqrt{1-\zeta^2}} \tag{2.83}$$

$$位相角\quad \varphi=\tan^{-1}\frac{\sqrt{1-2\zeta^2}}{\zeta} \tag{2.84}$$

となる．

⑤ 減衰のない系，すなわち $\zeta=0$ では

$$A/A_{st}=\left|\frac{1}{1-\left(\dfrac{\omega}{\omega_n}\right)^2}\right| \tag{2.85}$$

$\varphi=0°\ (\omega/\omega_n<1)$，
$\varphi=180°\ (\omega/\omega_n>1)$

となり，$\omega=\omega_n$ では A/A_{st} は無限大になる．この現象を**共振**という．共振点において位相は逆転する．すなわち位相角は $180°$ 遅れる．

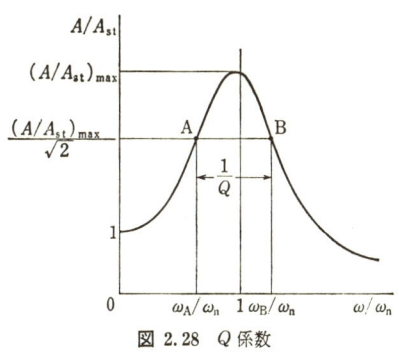

図 2.28 Q 係数

Q 係数 振幅倍率曲線のピークの鋭さを表す量として **Q 係数**を用いることがある．図 2.28 に示すような，減衰が小さいときの共振曲線の共振点（$\omega/\omega_n=$

1) の両側に $(A/A_{st})_{max}$ の $1/\sqrt{2}$ 倍の振幅に対応する2点 A, B をとり，この2点間の幅を $\Delta\Omega$ とすると，Q 係数は

$$Q = \frac{1}{\Delta\Omega} = \frac{1}{\omega_B/\omega_n - \omega_A/\omega_n} = \frac{\omega_n}{\omega_B - \omega_A} \quad (2.86)$$

で定義される．$\zeta \ll 1$ のときには $\omega_A/\omega_n \fallingdotseq 1-\zeta$, $\omega_B/\omega_n \fallingdotseq 1+\zeta$ となるので

$$Q \fallingdotseq \frac{1}{2\zeta} \quad (2.87)$$

この両点では，振幅の2乗（パワー）がちょうど共振振幅の半分になっているところから，これらの点を半パワー点と呼ぶことがある．

2.6 不つりあいによる強制振動

モータやタービンなどの回転機械では，回転部分の偏心質量があって，重心が回転軸上にない場合は，回転体により生じる遠心力の働きを受ける．回転質量 m と重心の偏心量 e との積 me を，回転体の**不つりあい**という．図 2.29 のように，ばね k とダンパ c で支えられた，質量 M なる機械の内部に不つりあいがあって，その質量を m，半径を e とし，これが角速度 ω で回転するものとしよう．機械は適当に拘束されていて，ばねの軸方向にだけ動くことができるものとする．上向きに x 軸をとれば，不つりあいによる遠心力は $me\omega^2$ となるので，運動方程式は

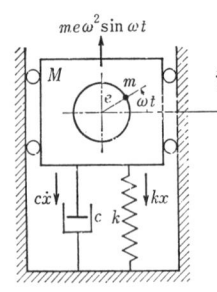

図 2.29 回転体の不つりあいによる強制振動

$$M\ddot{x} + c\dot{x} + kx = me\omega^2 \sin\omega t \quad (2.88)$$

これは式 (2.69) の F_0 を遠心力 $me\omega^2$ におきかえたものに等しく，定常振動は

$$x = \frac{me\omega^2}{\sqrt{(k-M\omega^2)^2 + (c\omega)^2}} \sin(\omega t - \varphi) \quad (2.89)$$

で，位相角は式 (2.71) と全く同一である．式 (2.89) の係数を A とおき，振幅，位相角を無次元数で表して

$$\left. \begin{array}{l} \dfrac{MA}{me} = \dfrac{(\omega/\omega_n)^2}{\sqrt{\{1-(\omega/\omega_n)^2\}^2 + (2\zeta\omega/\omega_n)^2}} \\[2mm] \varphi = \tan^{-1} \dfrac{2\zeta\omega/\omega_n}{1-(\omega/\omega_n)^2} \end{array} \right\} \quad (2.90)$$

ここで，MA/me は式 (2.81) の振幅倍率に相当する無次元数で，これを図 2.30

に示す．回転速度が低いときは遠心力が小さく振幅も小さいが，回転速度が共振振動数に近づくにつれて振幅は大きくなる．系に減衰があるときは，極大値の位置は

$$\frac{\omega}{\omega_\mathrm{n}} = \frac{1}{\sqrt{1-2\zeta^2}} \tag{2.91}$$

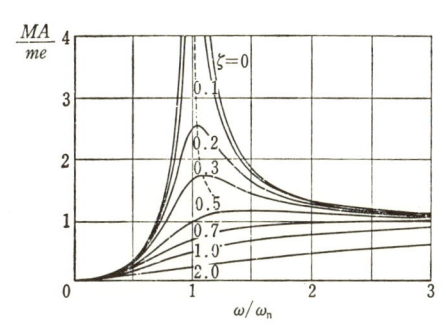

図 2.30 回転体の不つりあいをもつ粘性減衰系の振幅曲線

で，共振点より若干大きくなり，ζ の増加につれて高回転速度側へ移る．これは調和加振力が作用する場合と逆である．回転速度が共振点を超えて高速になるにつれて MA/me は1に近づく．位相角は図 2.27 と同じになる．

2.7 振動の伝達と絶縁

回転機械やエンジンは周期的な加振力を発生させることが多いので，これらを基礎や構造物に直接取り付けると，基礎や構造物が加振されて有害となる．このような場合には，適当なばねと減衰要素で支持することによって，伝達される振動を抑制することができる．このような装置を**振動絶縁装置**という．鉄道車両や自動車の懸架装置のように，変位加振による振動の伝達を低減させる装置も振動絶縁装置の一種である．

a. 機械の加振力の絶縁と力の伝達率

図 2.31 のように，機械が調和加振力 $F_0 \sin \omega t$ を発生している場合に，基礎への伝達力をばね k とダンパ c を取り付けることによって減少させる問題を考える．この系の強制振動（定常振動）の解は式（2.70）と同一で

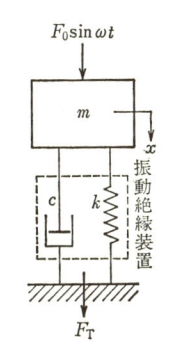

図 2.31 加振力を受ける振動絶縁装置

$$x = \frac{F_0}{\sqrt{(k-m\omega^2)^2+(c\omega)^2}}\sin(\omega t - \varphi) \qquad (2.92)$$

となる．このとき

$$F_\mathrm{T} = c\dot{x} + kx \qquad (2.93)$$

の力がばねとダンパを通して基礎へ伝達される．式 (2.92) を用いると，この伝達力の大きさは

$$|F_\mathrm{T}| = F_0\sqrt{\frac{k^2+(c\omega)^2}{(k-m\omega^2)^2+(c\omega)^2}} \qquad (2.94)$$

となる．伝達力 $|F_\mathrm{T}|$ と機械が発生する加振力 F_0 の振幅比を**力の伝達率**といい，これを通常 T_R で表す．

力の伝達率 T_R は振動数比 ω/ω_n と減衰比 ζ を用いて

$$T_\mathrm{R} = \frac{|F_\mathrm{T}|}{F_0} = \sqrt{\frac{1+(2\zeta\omega/\omega_\mathrm{n})^2}{\{1-(\omega/\omega_\mathrm{n})^2\}^2+(2\zeta\omega/\omega_\mathrm{n})^2}} \qquad (2.95)$$

と書ける．図 2.32 は T_R を ω/ω_n と ζ に対して図示したものであるが，ζ の値とは無関係に，$\omega/\omega_\mathrm{n} < \sqrt{2}$ のときは $T_\mathrm{R} > 1$，$\omega/\omega_\mathrm{n} \geq \sqrt{2}$ になってはじめて $T_\mathrm{R} \leq 1$ となる．振動系の固有振動数が小さいほど振動絶縁の効果が高く，同一の機械に

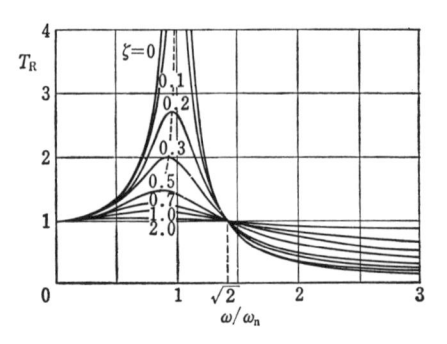

図 2.32 力の伝達率

対して，絶縁装置のばねこわさが小さいほど力の伝達率を小さくできる．なお，$\omega/\omega_\mathrm{n} > \sqrt{2}$ に対しては，系に減衰があるときの方が減衰がないときよりも伝達率は大きくなるが，実際の機械では $\omega = 0$ から増速し，共振点を通過して所定の ω に達する場合があるので，共振点付近の伝達率を低減させるためには適当な減衰が必要とされる．

b. 基礎の振動の絶縁と変位の伝達率

床などの振動変位によって引きこされる強制振動を，変位による**強制振動**という．図2.33に示すように，床が変位 u で振動する場合の機械の振動を考える．機械の変位を x とすると，ばねとダンパの変位は機械と床の相対変位 $x-u$ に等しい．したがってこの系の運動方程式は

$$m\ddot{x}=-c(\dot{x}-\dot{u})-k(x-u)$$

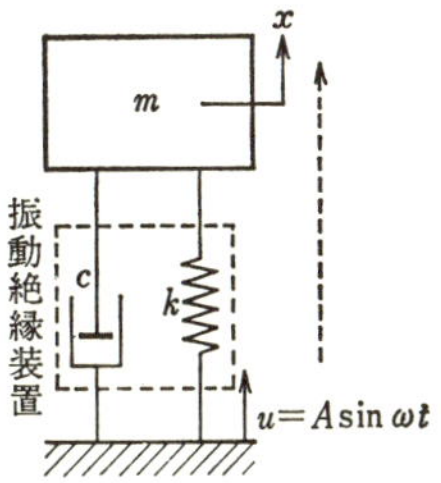

となる．書きかえると

$$m\ddot{x}+c\dot{x}+kx=c\dot{u}+ku \tag{2.96}$$

図 2.33 変位加振を受ける振動絶縁装置

となる．変位が，$u=A\sin\omega t$ のときは，式 (2.96) は

$$m\ddot{x}+c\dot{x}+kx=A(k\sin\omega t+c\omega\cos\omega t)$$
$$=A\sqrt{k^2+(c\omega)^2}\sin(\omega t+\alpha) \tag{2.97}$$

$$\alpha=\tan^{-1}\frac{c\omega}{k} \tag{2.98}$$

機械の定常振動はこれに直接 $A\sqrt{k^2+(c\omega)^2}\sin(\omega t+\alpha)$ の加振力が働いた場合の振動 (2.5節) と等しくなり，その振幅は式 (2.97) により

$$X=A\sqrt{\frac{k^2+(c\omega)^2}{(k-m\omega^2)^2+(c\omega)^2}} \tag{2.99}$$

となる．この場合，機械と基礎の振幅の比は

$$\frac{X}{A}=\sqrt{\frac{1+(2\zeta\omega/\omega_n)^2}{\{1-(\omega/\omega_n)^2\}^2+(2\zeta\omega/\omega_n)^2}}=T_R \tag{2.100}$$

で，これを変位の伝達率というが，その大きさは力の伝達率と同じである．

相対伝達率　基礎に対する機械の相対変位を知ることは，絶縁装置の要素の設計に必要である．相対変位を $x-u=y$ とおき，式 (2.96) に代入すると

$$m\ddot{y}+c\dot{y}+ky=-m\ddot{u}=mA\omega^2\sin\omega t \tag{2.101}$$

となり，さらに式 (2.101) の $mA\omega^2$ を $me\omega^2$ と書き直すと，回転体の不つりあいによる振動の方程式 (2.88) と全く同一の式になる．基礎の振幅に対する相対

変位の振幅の比 Y/A を相対伝達率と呼び

$$\frac{Y}{A} = \frac{(\omega/\omega_n)^2}{\sqrt{\{1-(\omega/\omega_n)^2\}^2+(2\zeta\omega/\omega_n)^2}} \quad (2.102)$$

と書かれる．その値は式（2.90）と等しく，図2.30がそのまま使用できる．

例　自動車の振動　自動車が走行するとき，路面の凹凸によって，車体の上下振動が生じる．タイヤと車体の懸架装置は，この振動を緩和する役目をもつ．簡単な例として，図2.34に示すような振幅 A，波長 L の正弦波状の凹凸路面 $u = A\sin(2\pi x/L)$ を，質量 m の車体とばね定数 k，減衰係数 c をもつ懸架装置からなる自動車（1自由度モデル）が，一定速度 v で走行する場合を考えてみよう．$x =$

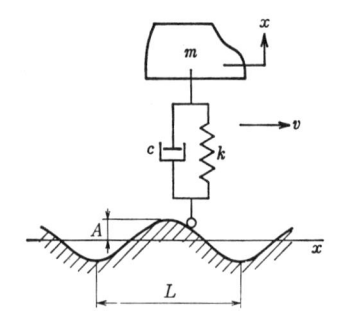

図 2.34　凹凸路面を走行する自動車の力学モデル

vt なので，路面は自動車に対して

$$u = A\sin(2\pi vt/L)$$

の強制変位を与える．この強制変位の振動数は $\omega = 2\pi v/L$ であり，この ω を式（2.99）に代入すると，車体の上下振動の振幅

$$X = A\sqrt{\frac{k^2+(c2\pi v/L)^2}{\{k-m(2\pi v/L)^2\}^2+(c2\pi v/L)^2}} \quad (2.103)$$

が得られる．減衰係数が小さい場合には，自動車の速度が式（2.103）の分母の $\{k-m(2\pi v/L)^2\}^2$ を0とする

$$v = \frac{L}{2\pi}\omega_n = Lf_n$$

に達したとき，車体が路面の凹凸と共振する．ここで $f_n = (1/2\pi)\sqrt{k/m}$ は車体の固有振動数を表す．

問　題

1. 線径 2 mm，コイルの平均直径 40 mm，巻数 25 の鋼製コイルばね（縦弾性係数 206 GPa，横弾性係数 80 GPa）の引張りと圧縮に対するばね定数はいくらか．またねじりこわさはいくらか．

2. 1つの物体が図 2.35 のように軽い剛体棒とばねでつられている．この場合の固有振動数を求めよ．

3. 一端が固定された長さ 300 mm，幅 30 mm，厚さ 5 mm の鋼板（縦弾性係数 206 GPa）の自由端から 50 mm の位置に，重さ 300 N のおもりがばねこわさ 2 N/mm のばねを介してつるされている．この系の固有振動数を求めよ．

4. 軽いばねに質量 m の物体をつるし，つりあいの位置から少し引き下げて放したら，振動数 f の振動をした．質量 $2m$ の物体をつるして振動させたときの振動数はいくらか．

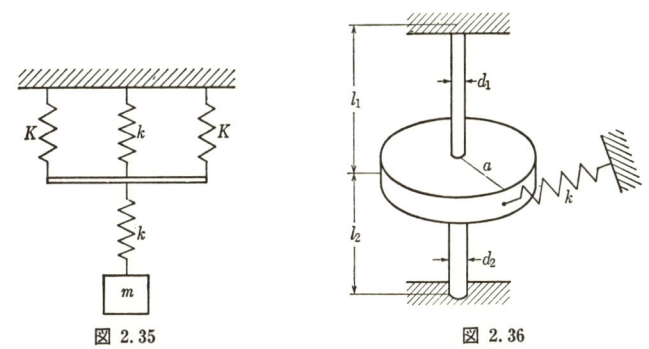

図 2.35　　　　図 2.36

5. 図 2.36 に示す弾性軸（横弾性係数 G）とコイルばねで支持される円板のねじりこわさはいくらか．

6. 図 2.37 のように質量 m，長さ l の一様な剛体棒の一端がピボットされ，中央の点にこわさ k のばねが 45° の角度でかけてある．この系の固有振動数はいくらか．

7. 図 2.38 のように滑車を通して1つの物体が伸びないロープでつられている．滑車と床の間にばねを挿入すると，物体はいくらの振動数で上下振動するか．

8. 図 2.39 のような一端がピボットされ，他端に物体を取り付けた軽い剛体棒の固有振

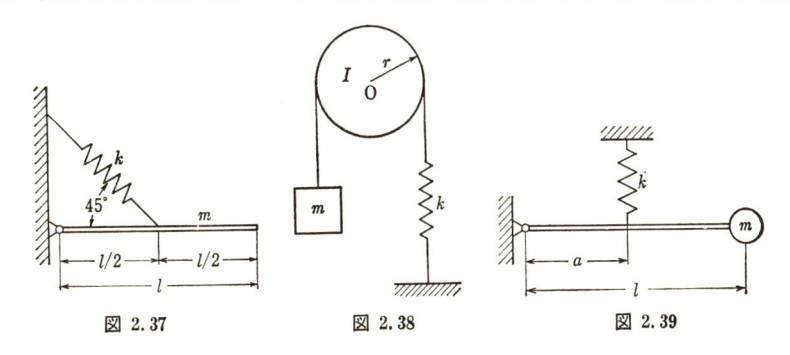

図 2.37　　　　図 2.38　　　　図 2.39

動数を求めよ.

9. 図2.40に示す一端がピボットされ，他端がばねで支えられた質量mのテーパのついたはりの固有振動数はいくらか.

10. 質量m，半径rの剛体の円板が，固定した天井から長さlの3本の針金によって，円周上を3等分する点で水平面内につられている．円板をその垂直中心線まわりに微小回転振動させたときの周期がTであるときの円板の慣性モーメントを求めよ.

11. 図2.41のような重さのない長さlの剛体の棒と先端の質量mからなる振子がある．支点からaの距離で2個のばねkによって固定壁に結合されている．微小振動の固有振動数を求めよ.

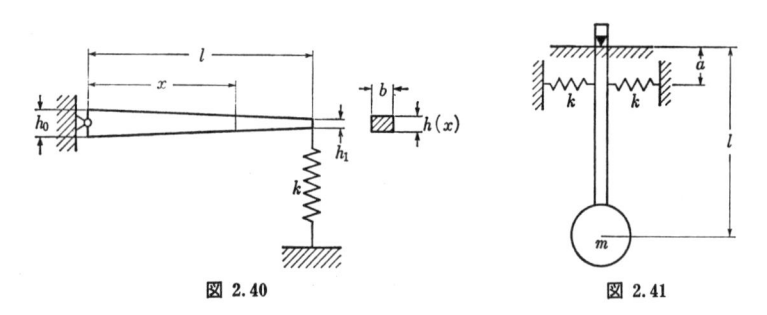

図 2.40　　　　　　　　図 2.41

12. 図2.42に示すU字管型マノメータの固有周期Tを，エネルギ法によって求めよ．ただし，流体の管に沿う長さをlとする.

13. 1質点の粘性減衰振動系（図2.43）において，$m=3$ kg，$k=20$ N/cmであり，減衰振動波形の任意の隣り合う振幅ピーク比が1:0.7であったという．次の諸量を求めよ.
（a）減衰比ζ，　（b）対数減衰率δ，　（c）減衰固有円振動数ω_d,
（d）減衰係数c

14. 図2.44のように剛体棒の一端がピボットされ，他端に質量m，途中にばねkとダンパcが取り付けられている．微小振動の方程式を導き，減衰固有振動数と臨界減衰係数を求めよ.

15. 次の時間関数は位相平面上でどんなトラジェクトリを描くか.
（a）$x=t^2+2t+3$，　（b）$x=a\sin(2t+30°)$，　（c）$x=4e^{-3t}$

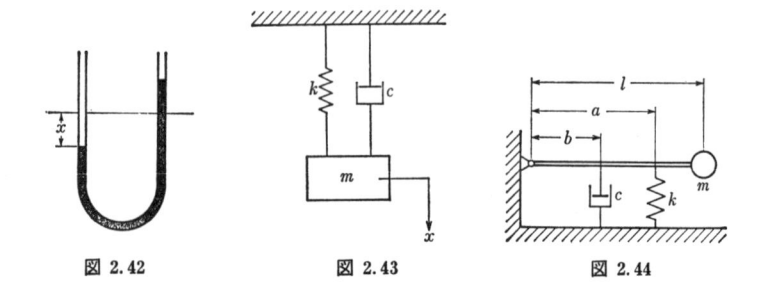

図 2.42　　　　図 2.43　　　　図 2.44

問　題

16. こわさ 500 kN/m のばねでかたい支点に連結され，他の面と水平に接触しながら振動する 100 kg の機械部品がある．自由振動させて相次ぐサイクルの振幅の値を測定したところ，1サイクルについて 2 mm ずつ減っていることがわかった．面に働くクーロン摩擦力と摩擦係数の大きさを求めよ．またこのときの固有振動数はいくらか．

17. こわさ 40 kN/m のばねで支えられた 100 kg の物体に，60 N のクーロン摩擦力が働くとき，この物体に 18 mm の初期変位を与えて放せば，停止するまでに何回振動するか．また摩擦係数はいくらか．

18. 質量 m，ばね定数 k の減衰のない振動系が静止していたとき，加振力 $F=F_0 \sin \omega t$ が，ある時点 ($t=0$) から働き始める．この場合の共振変位を与える式を求めよ．$\omega \to \omega_n$ ($\omega_n = \sqrt{k/m}$) のときの共振振幅が時間に比例して増大することを示せ．

19. 問14（図 2.44）の振動系の質量 m に周期力 $F_0 \sin \omega t$ が働くと，どんな定常振動が起こるか．また同じ加振力がばねの位置に働くときはどうか．

20. 質量 60 kg の機械がばねこわさ 150 kN/m の4個のばねで支えられている．これに大きさ 80 N の調和起振力が作用して上下振動する場合，共振振動数，共振時の振幅はいくらか．機械に働く粘性減衰係数は 1.6 kN/(m/s) とする．

21. 質量 200 kg の機械に大きさ 250 N，振動数 5 Hz の正弦加振力が作用したときの共振振幅が 10 mm であった．この系のばね定数と減衰比はいくらか．

22. 図 2.45 に示す振動系の先端Pに強制変位 $u=A \sin \omega t$ が与えられるとき，運動方程式はどのようになるか．またこの場合の質量 m の定常応答を求めよ．

23. 図 2.46 に示す振動系の支点に調和変位 $u=A \sin \omega t$ を与えるとき，棒の最大角変位はいくらか．また支点に働く最大反力はいくらか．

24. 図 2.47 のように不つりあい質量を有する振動台がある．この台の上に質量 m の物体を置いたとき，m が台から離れないための条件を求めよ．振動台の質量を M，不つりあ

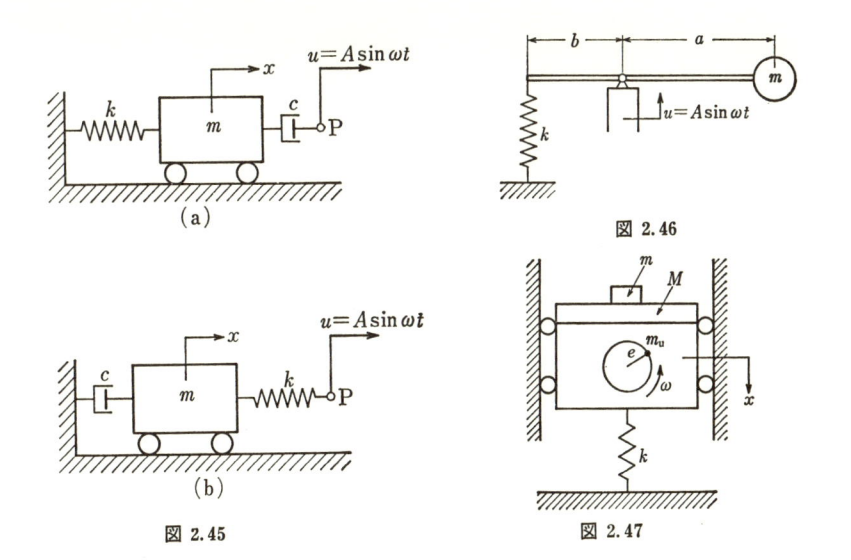

図 2.45

図 2.46

図 2.47

い質量を m_u, m_u の回転角速度を ω とする.

25. 静たわみ 20 mm の懸架ばねに支えられた 1300 kg の自動車が, 波長 5 m の正弦波状の路面を走行するとき, 自動車が路面と共振するときの速度を求めよ.

3　2自由度系の振動

3.1　2自由度系の自由振動

　図3.1に示す直線振動系の代表例で説明する．質点 m_1, m_2 の平衡位置からの変位を x_1, x_2 とすると，2自由度系の運動方程式は次式となる．

$$\left.\begin{array}{l} m_1\ddot{x}_1+(k_1+k_2)x_1-k_2x_2=0 \\ m_2\ddot{x}_2-k_2x_1+(k_2+k_3)x_2=0 \end{array}\right\} \quad (3.1)$$

　ばね $k_2=0$ なら，系の運動は m_1, m_2 が独立した1自由度系の運動となる．k_2 があるために m_1 の運動に x_2 が，また m_2 の運動に x_1 が互いに影響を与えている．このように座標の相互干渉で表される運動を**連成振動**という．

　さて m_1, m_2 の調和振動解は

$$x_1=A\sin(\omega t+\phi),$$
$$x_2=B\sin(\omega t+\phi) \quad (3.2)$$

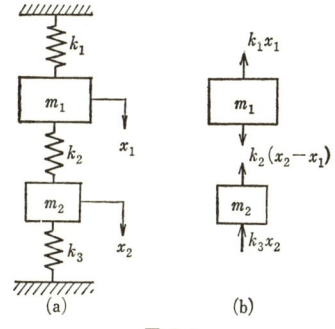

図3.1
（a）2自由度直線振動系モデル，
（b）作用関係．

ここに A, B, ϕ, ω は振幅，位相，円振動数を示す．式(3.1), (3.2)より

$$\left.\begin{array}{l}(k_1+k_2-m_1\omega^2)A-k_2B=0 \\ -k_2A+(k_2+k_3-m_2\omega^2)B=0\end{array}\right\} \quad (3.3)$$

の関係が得られる．これより，振幅 A, $B\neq 0$ であるので

$$\Delta(\omega)=\begin{vmatrix} k_1+k_2-m_1\omega^2 & -k_2 \\ -k_2 & k_2+k_3-m_2\omega^2 \end{vmatrix}=0 \quad (3.4)$$

系の固有円振動数はこれより求まるので，上式を**特性方程式**または**固有振動数方程式**という．式(3.4)を整理すると

$$\omega^4-\left(\frac{k_1+k_2}{m_1}+\frac{k_2+k_3}{m_2}\right)\omega^2+\frac{k_1k_2+k_2k_3+k_3k_1}{m_1m_2}=0 \quad (3.5)$$

これより，固有円振動数 ω_{n1}, ω_{n2} は

$$\left.\begin{array}{c}\omega_{n1}{}^2\\ \omega_{n2}{}^2\end{array}\right\}=\frac{1}{2}\left(\frac{k_1+k_2}{m_1}+\frac{k_2+k_3}{m_2}\right)\mp\sqrt{\frac{1}{4}\left(\frac{k_1+k_2}{m_1}-\frac{k_2+k_3}{m_2}\right)^2+\frac{k_2{}^2}{m_1m_2}} \tag{3.6}$$

で与えられる．ここで ω_{n1} に対する振幅比を A_1/B_1, ω_{n2} に対するそれを A_2/B_2 とすると，式 (3.3) より

$$\left.\begin{array}{l}\dfrac{A_1}{B_1}=\dfrac{k_2}{k_1+k_2-m_1\omega_{n1}{}^2}=\dfrac{k_2+k_3-m_2\omega_{n1}{}^2}{k_2}=\dfrac{1}{\kappa_1}\\[2mm] \dfrac{A_2}{B_2}=\dfrac{k_2}{k_1+k_2-m_1\omega_{n2}{}^2}=\dfrac{k_2+k_3-m_2\omega_{n2}{}^2}{k_2}=\dfrac{1}{\kappa_2}\end{array}\right\} \tag{3.7}$$

このとき次の関係が得られる．

$$\left.\begin{array}{l}k_2\kappa_1|_{\omega=\omega_{n1}}=k_1+k_2-m_1\omega_{n1}{}^2=\dfrac{1}{2}\left\{k_1+k_2-\dfrac{m_1}{m_2}(k_2+k_3)\right\}\\[2mm] \hspace{3cm}+\sqrt{\dfrac{1}{4}\left\{k_1+k_2-\dfrac{m_1}{m_2}(k_2+k_3)\right\}^2+\dfrac{m_1k_2{}^2}{m_2}}>0\\[3mm] k_2\kappa_2|_{\omega=\omega_{n2}}=k_1+k_2-m_1\omega_{n2}{}^2=\dfrac{1}{2}\left\{k_1+k_2-\dfrac{m_1}{m_2}(k_2+k_3)\right\}\\[2mm] \hspace{3cm}-\sqrt{\dfrac{1}{4}\left\{k_1+k_2-\dfrac{m_1}{m_2}(k_2+k_3)\right\}^2+\dfrac{m_1k_2{}^2}{m_2}}<0\end{array}\right\} \tag{3.8}$$

したがって，上式より，$A_1/B_1=1/\kappa_1>0$, $A_2/B_2=1/\kappa_2<0$ となることは，ω_{n1} では m_1, m_2 は同相で振動し，ω_{n2} では逆相で振動することを意味する．この各固有円振動数に対応する振動振幅の様子を示すものとして**振動モード線図**がある．図 3.2 は，m_1 の振幅を 1 とした 1 次 (ω_{n1}) 振動と 2 次 (ω_{n2}) 振動もモード線図を示し，特にこの場合**正規振動モード**という．

この振動モード状態での振動が単独に生ずることはまずない．通常これらが複雑にからみあった複雑な運動となる．すなわち各質点の運動は

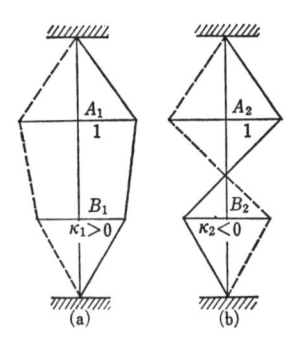

図 3.2 振動モード線図
（a） 1次モード，
（b） 2次モード．

3.1　2自由度系の自由振動

$$\left.\begin{array}{l} \text{（}x_1\text{ 成分）}\qquad\qquad\text{（}x_2\text{ 成分）}\\ 1\text{次モード}：x_{1\mathrm{n}1}=A_1\sin(\omega_{\mathrm{n}1}t+\phi_1),\ x_{2\mathrm{n}1}=\kappa_1 A_1\sin(\omega_{\mathrm{n}1}t+\phi_1)\\ 2\text{次モード}：x_{1\mathrm{n}2}=A_2\sin(\omega_{\mathrm{n}2}t+\phi_2),\ x_{2\mathrm{n}2}=\kappa_2 A_2\sin(\omega_{\mathrm{n}2}t+\phi_2) \end{array}\right\} \quad (3.9)$$

の関係が線形結合したものとして以下のように表される．

$$\left.\begin{array}{l} x_1=x_{1\mathrm{n}1}+x_{1\mathrm{n}2}=A_1\sin(\omega_{\mathrm{n}1}t+\phi_1)+A_2\sin(\omega_{\mathrm{n}2}t+\phi_2)\\ x_2=x_{2\mathrm{n}1}+x_{2\mathrm{n}2}=\kappa_1 A_1\sin(\omega_{\mathrm{n}1}t+\phi_1)+\kappa_2 A_2\sin(\omega_{\mathrm{n}2}t+\phi_2) \end{array}\right\} \quad (3.10)$$

図 3.3 は，式（3.10）の様子（すなわち図 3.1 の系）を計算機シミュレーションで示したものである．この場合の条件は，$k_1=k_3=k$, $m_1=m_2=m$ とし，同図（a），（b）は $k_2/m=0.25\,[(\mathrm{rad/s})^2]$, $k/m=0.25\,[(\mathrm{rad/s})^2]$ の場合であり，（c），（d）は $k_2/m=0.016\,[(\mathrm{rad/s})^2]$, $k/m=0.25\,[(\mathrm{rad/s})^2]$ の場合である．初期条件やパラメータの設定値では随分と異なった波形となることがわかる．

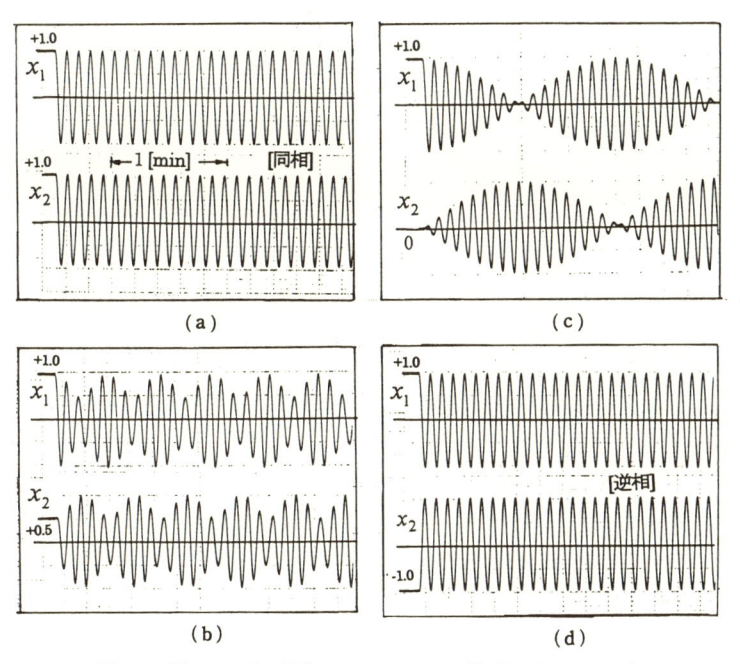

図 3.3　図 3.1 の系の振動シミュレーション例（$k_1=k_3$, $m_1=m_2$）

3.2 2自由度系の強制振動

2自由度系の自由振動より，自由度の数だけ固有振動数が存在することがわかった．次に，図3.4に示すように，質量 m_1 に周期的外力 $F\cos\omega t$ が作用する強制振動応答を考えてみる．系の運動方程式は

$$\left.\begin{array}{l} m_1\ddot{x}_1+(k_1+k_2)x_1-k_2x_2=F\cos\omega t \\ m_2\ddot{x}_2-k_2x_1+k_2x_2=0 \end{array}\right\} \quad (3.11)$$

となる．強制振動解を

$$\left.\begin{array}{l} x_1=A\cos\omega t \\ x_2=B\cos\omega t \end{array}\right\} \quad (3.12)$$

とすると，式 (3.11) より

$$\left.\begin{array}{l} (k_1+k_2-m_1\omega^2)A-k_2B=F \\ -k_2A+(k_2-m_2\omega^2)B=0 \end{array}\right\} \quad (3.13)$$

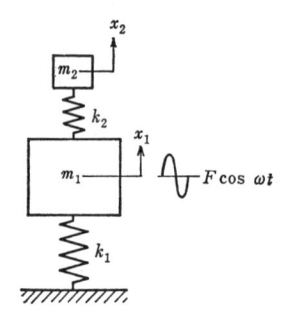

図 3.4 2自由度強制振動系

したがって振幅 A, B はクラメールの公式より

$$\left.\begin{array}{l} A=\dfrac{\begin{vmatrix} F & -k_2 \\ 0 & (k_2-m_2\omega^2) \end{vmatrix}}{\Delta(\omega)}=\dfrac{(k_2-m_2\omega^2)F}{\Delta(\omega)} \\ \\ B=\dfrac{\begin{vmatrix} (k_1+k_2-m_1\omega^2) & F \\ -k_2 & 0 \end{vmatrix}}{\Delta(\omega)}=\dfrac{k_2F}{\Delta(\omega)} \end{array}\right\} \quad (3.14)$$

ただし

$$\begin{aligned} \Delta(\omega) &= \begin{vmatrix} (k_1+k_2-m_1\omega^2) & -k_2 \\ -k_2 & (k_2-m_2\omega^2) \end{vmatrix} \\ &= (k_1+k_2-m_1\omega^2)(k_2-m_2\omega^2)-k_2{}^2 \end{aligned} \quad (3.15)$$

ここで

$$\left.\begin{array}{ll} \omega_1=\sqrt{k_1/m_1}, & \omega_2=\sqrt{k_2/m_2}, \\ \alpha=m_2/m_1, & \delta_{\mathrm{st}}=F/k_1 \end{array}\right\} \quad (3.16)$$

とおくと，結局，強制振動振幅は

$$A=\delta_{\mathrm{st}}\dfrac{1-(\omega/\omega_2)^2}{\{1+(\omega_2/\omega_1)^2\alpha-(\omega/\omega_1)^2\}\{1-(\omega/\omega_2)^2\}-(\omega_2/\omega_1)^2\alpha} \quad (3.17)$$

$$B = \delta_{\mathrm{st}} \frac{1}{\{1+(\omega_2/\omega_1)^2\alpha-(\omega/\omega_1)^2\}\{1-(\omega/\omega_2)^2\}-(\omega_2/\omega_1)^2\alpha} \quad (3.18)$$

となる．また**固有円振動数** $\omega_{\mathrm{n}1}$, $\omega_{\mathrm{n}2}$ は，$\varDelta(\omega)=0$ より次式で与えられる．

$$\left.\begin{matrix}\omega_{\mathrm{n}1}{}^2\\ \omega_{\mathrm{n}2}{}^2\end{matrix}\right\} = \frac{\omega_1{}^2+(1+\alpha)\omega_2{}^2}{2} \mp \sqrt{\left\{\frac{\omega_1{}^2+(1+\alpha)\omega_2{}^2}{2}\right\}^2 - \omega_1{}^2\omega_2{}^2} \quad (3.19)$$

一例として，$\omega_1=\omega_2$, $\alpha=m_2/m_1=1/2$ の条件下で，A/δ_{st} および B/δ_{st} の振幅特性を図 3.5 に示す．この場合，固有円振動数はそれぞれ $\omega_{\mathrm{n}1}/\omega_1=0.707$, $\omega_{\mathrm{n}2}/\omega_1=1.417$ となる．負の振幅量は，1 自由度系と同様，強制力に対する変位振動の位相差が 180°遅れることを意味する．振幅特性のみを考える場合は，符号を無視して波線のように絶対値で表す．$\omega_{\mathrm{n}1}$, $\omega_{\mathrm{n}2}$ において振幅が A, B 無限大となり共振現象を生じることは 1 自由度系の拡張として理解される．

さて注目すべきは，式 (3.17), (3.18) からわかるように $\omega=\omega_2=\sqrt{k_2/m_2}$ とおくと

$$A=0, \quad B = \frac{\delta_{\mathrm{st}}}{-(\omega_2/\omega_1)^2\alpha} \quad (3.20)$$

となることである．すなわち，m_1 に $F\cos\omega t$ 外力が作用しても振幅は 0 である．換言すれば，図 3.6 の示すように補助系の固有振動数 ($\omega_2/2\pi=\sqrt{k_2/m_2}/2\pi$) が外力振動数 ($\omega/2\pi$) と一致するようにすれば，主振動系の質量 m_1 の振動変位を 0 にすることができる．このような補助振動系を**動吸振器**といい，一定振動数の強制力には非常に効果的な制振が可能である．しかしパラメータ変動には性能が劣化するのが欠点であり，この点を補ったのが次に述べる動粘性吸振器である．

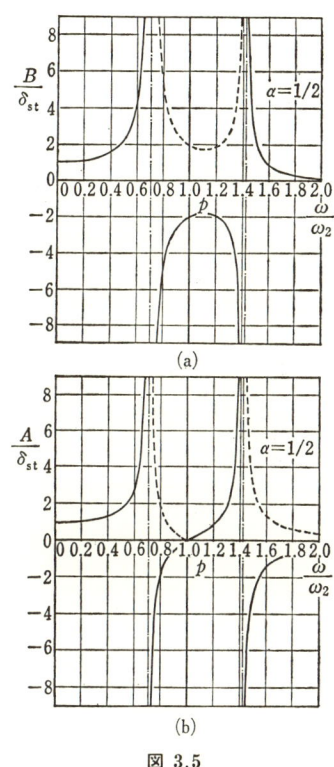

図 3.5
(a) m_2 の強制振動応答，
(b) m_1 の強制振動応答．

図 3.6 動吸振器の原理的説明

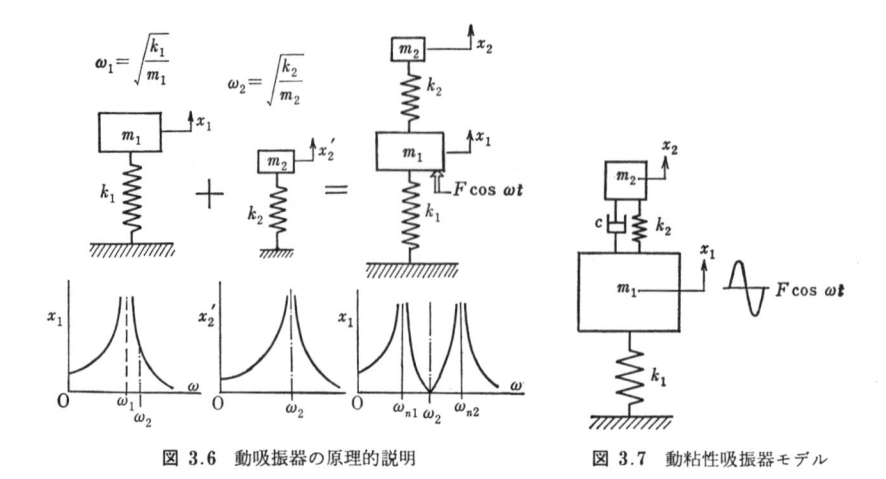

図 3.7 動粘性吸振器モデル

3.3 動粘性吸振器

前節の動吸振器が狭帯域の吸振器であるのに対して広帯域振動の吸振が可能であるのが図 3.7 に示す動粘性吸振器である。補助系にダンパ c があるのが特徴である。系の運動方程式は，m_1 に $F\cos\omega t$ が作用するとき

$$\left.\begin{array}{l} m_1\ddot{x}_1 + c(\dot{x}_1 - \dot{x}_2) + (k_1+k_2)x_1 - k_2 x_2 = F\cos\omega t \\ m_2\ddot{x}_2 + c(\dot{x}_2 - \dot{x}_1) + k_2(x - x_1) = 0 \end{array}\right\} \quad (3.21)$$

ここでは，特に強制力を $F\cos\omega t \to Fe^{j\omega t}$ とおいた複素数表示により上式の解析を行ってみよう。すなわち m_1，m_2 の変位における位相情報を ϕ_1，ϕ_2 とすれば

$$\left.\begin{array}{l} x_1 = Ae^{j(\omega t + \phi_1)} = \bar{A}e^{j\omega t} \\ x_2 = Be^{j(\omega t + \phi_2)} = \bar{B}e^{j\omega t} \end{array}\right\} \quad (3.22)$$

で表される。ただし $\bar{A} = Ae^{j\phi_1}$，$\bar{B} = Be^{j\phi_2}$ である。式 (3.22) と (3.21) より

$$\begin{bmatrix} k_1+k_2-m_1\omega^2+jc\omega & -(k_2+jc\omega) \\ -(k_2+jc\omega) & k_2-m_2\omega^2+jc\omega \end{bmatrix} \begin{bmatrix} \bar{A} \\ \bar{B} \end{bmatrix} = \begin{bmatrix} F \\ 0 \end{bmatrix} \quad (3.23)$$

これより複素振幅 $\bar{A}$ は

3.3 動粘性吸振器

$$\bar{A} = \frac{\begin{vmatrix} F & -(k_2+jc\omega) \\ 0 & k_2-m_2\omega^2+jc\omega \end{vmatrix}}{\Delta(\omega)} = \frac{F(k_2-m_2\omega^2+jc\omega)}{\Delta(\omega)} \quad (3.24)$$

ここで

$$\Delta(\omega) = \begin{vmatrix} k_1+k_2-m_1\omega^2+jc\omega & -(k_2+jc\omega) \\ -(k_2+jc\omega) & k_2-m_2\omega^2+jc\omega \end{vmatrix} \quad (3.25)$$

いま，主振動系の固有円振動数を $\omega_1=\sqrt{k_1/m_1}$，補助系の固有円振動数を $\omega_2=\sqrt{k_2/m_2}$，質量比 $\alpha=m_2/m_1$，減衰係数比 $\zeta=c/2\sqrt{m_2k_2}$，固有振動数比 $\beta=\omega_2/\omega_1$，静たわみ $\delta_{st}=F/k_1$，無次元化周波数 $p=\omega/\omega_1$ とすれば，式 (3.24) から

$$\left(\frac{|\bar{A}|}{\delta_{st}}\right)^2 = \frac{(\beta^2-p^2)^2+4\zeta^2\beta^2p^2}{\{(1-p^2)(\beta^2-p^2)-\alpha\beta^2p^2\}^2+4\zeta^2\beta^2p^2\{1-(1+\alpha)p^2\}^2} \quad (3.26)$$

の関係が得られる．式 (3.26) の特性を理解するため $\alpha=1/20$，$\beta=1$ とした例を図 3.8 に示す．これをもとに防振設計に必要な条件について述べよう．

まず特性曲線の特徴として，減衰係数比 ζ の如何にかかわらず不動点 P，Q を通ることである．特に $\zeta=\infty$ の場合，m_1 と m_2 は一体となり，$\omega=\omega_1/\sqrt{1+\alpha}$ の固有円振動数を有する 1 自由度振動系となる．その振幅は

$$\lim_{\zeta\to\infty} \frac{|\bar{A}|}{\delta_{st}} = \frac{1}{1-(1+\alpha)p^2} \quad (3.27)$$

となる．一方 $\zeta=0$ の場合は

$$\lim_{\zeta\to 0} \frac{|\bar{A}|}{\delta_{st}} = \frac{\beta^2-p^2}{(1-p^2)(\beta^2-p^2)-\alpha\beta p^2} \quad (3.28)$$

したがって不動点 P，Q 条件は式 (3.27) と (3.28) を等値することから得られ

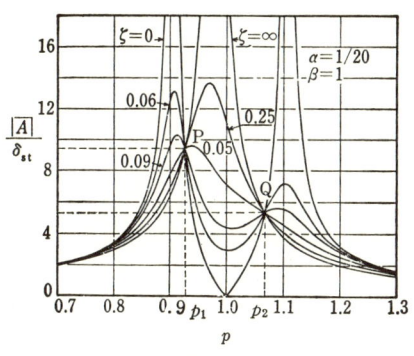

図 3.8 m_1 の振幅特性 （$\alpha=1/20$，$\beta=1$）

る．これより

$$p^4 - \frac{2\{1+(1+\alpha)\beta^2\}}{2+\alpha}p^2 + \frac{2\beta^2}{2+\alpha} = 0 \tag{3.29}$$

これより，不動点 P, Q の位置 p_1, p_2 に関して

$$p_1^2 + p_2^2 = \frac{2\{1+(1+\alpha)\beta^2\}}{2+\alpha} \tag{3.30}$$

の関係が得られる．防振設計の観点からは強制振動数の広い範囲に対して振幅量 $|\overline{A}|/\delta_{st}$ はできるかぎり小さいことが望ましい．そのための β と ζ の条件を調べてみよう．

まず不動点 P, Q の高さを等しくする条件は，位相関係を考慮して

$$\frac{1}{1-(1+\alpha)p_1^2} = \frac{-1}{1+(1+\alpha)p_2^2} \tag{3.31}$$

これより

$$p_1^2 + p_2^2 = \frac{2}{1+\alpha} \tag{3.32}$$

式 (3.30), (3.31) より，最適 $\beta(=\beta_{opt})$ は

$$\beta_{opt} = \frac{1}{1+\alpha} \tag{3.33}$$

となる．β_{opt} を与える p_1, p_2 は，式 (3.33) を (3.29) に代入すると

$$\left.\begin{array}{c}p_1^2 \\ p_2^2\end{array}\right\} = \frac{1}{1+\alpha}\left(1 \mp \sqrt{\frac{\alpha}{2+\alpha}}\right) \tag{3.34}$$

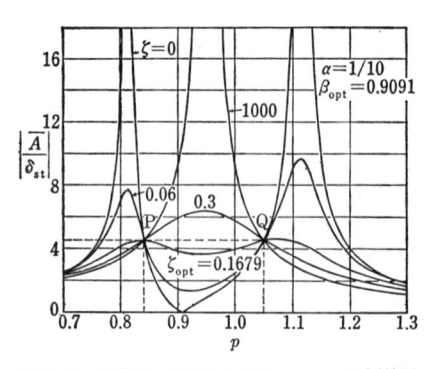

図 3.9 最適値に設定した場合の m_1 の振幅特性

このとき，P, Q の高さは，式 (3.27), (3.34) より

$$\frac{|\bar{A}|}{\delta_{\mathrm{st}}} = \sqrt{1 + \frac{2}{\alpha}} \tag{3.35}$$

次に ζ の最適値（$=\zeta_{\mathrm{opt}}$）の条件を調べよう．不動点 P で $|\bar{A}|/\delta_{\mathrm{st}}$ が p に関して最大値をとるように選んだ $\zeta(=\zeta_P)$ と，Q で最大値をとるように選んだ $\zeta(=\zeta_Q)$ との平均値を最適値（ζ_{opt}）にする方法を述べよう．すなわち

$$\frac{\partial}{\partial p^2}\left(\frac{|\bar{A}|}{\delta_{\mathrm{st}}}\right)^2\bigg|_{\substack{p^2=p_P^2 \\ \beta=\beta_{\mathrm{opt}}}} = 0 \quad \text{および} \quad \frac{\partial}{\partial p^2}\left(\frac{|\bar{A}|}{\delta_{\mathrm{st}}}\right)^2\bigg|_{\substack{p^2=p_Q^2 \\ \beta=\beta_{\mathrm{opt}}}} = 0 \quad \text{の条件より}$$

$$\zeta_P^2 = \frac{\alpha}{8(1+\alpha)^3}\left(3 - \sqrt{\frac{\alpha}{\alpha+2}}\right) \tag{3.36}$$

$$\zeta_Q^2 = \frac{\alpha}{8(1+\alpha)^3}\left(3 + \sqrt{\frac{\alpha}{\alpha+2}}\right) \tag{3.37}$$

が得られる．したがって，式 (3.38) が成り立つ

$$\zeta_{\mathrm{opt}} = \frac{c_{\mathrm{opt}}}{2\sqrt{m_2 k_2}} = \sqrt{\frac{\zeta_P^2 + \zeta_Q^2}{2}} = \sqrt{\frac{3\alpha}{8(1+\alpha)^3}} \tag{3.38}$$

図 3.9 は，$\alpha = 1/10$，$\zeta_{\mathrm{opt}} = 0.1679$，$\beta_{\mathrm{opt}} = 0.9091$ に設定した場合の特性曲線を示す．等高した不動点 P, Q において，振幅はほぼ最大値になっていることがわかる．

3.4 減衰要素のみで結合される実用吸振器

前節で述べた動粘性吸振器の補助振動系を形成するばね k_2 を設計することはきわめて難しいので，これを取り去って m_2 が m_1 と減衰要素で結合した形が実用される場合が多い．図 3.10 は内燃機関のクランク軸のねじれ振動の吸振器として用いられている**フードダンパ**（Den Hartog, 1956）の例で，油の粘性力を利用している．また図 3.11 は，工作機械などにおいて主軸のねじれ振動を減衰させる**ランチェスタダンパ**（Den Hartog, 1979）を示し，乾性摩擦力（クーロン力）を利用するものである．軸回転に対して相対的に回転可能な 2 枚の円板ⓐと軸に固定された円板ⓒとの間にある摩擦リングⓑの接触圧力をボルトⓓで調節するのが重要である．

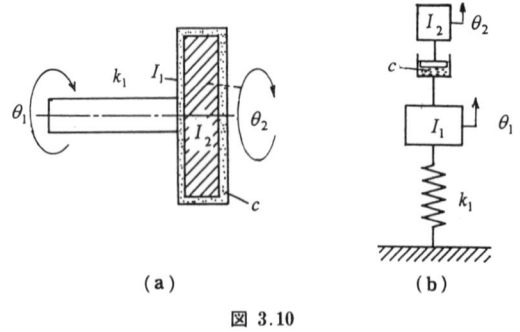

図 3.10
(a) フードダンパ, (b) 等価振動モデル.

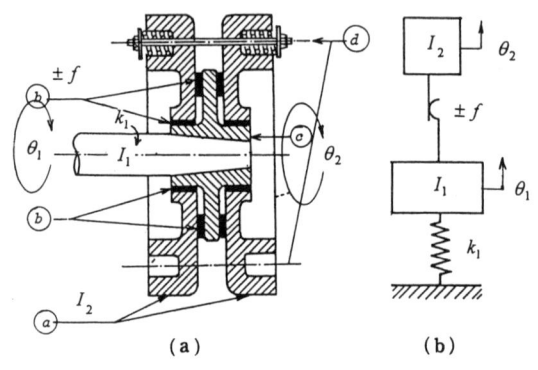

図 3.11
(a) ランチェスタダンパ, (b) 等価振動モデル.

問　題

1. 図3.12は上下と回転の振動をともなう自動車の振動モデルである．固有円振動数 ω_{n1}, ω_{n2} と正規振動モード線図を求めよ．

2. 図3.13はタイヤの弾性を考慮した速度 v で並進する自動車の上下振動モデルである．この運動方程式は3.2節の取り扱い（式(3.11)）に帰結することを示せ．

3. 図3.14(a)(b)に示す系も図3.1の系と同様の振動モードとなることを示せ．

4. 図3.15は，長さ $2l$ の片持ちはりの中央と自由端に相等しい質量 m が集中する振動系を示す．はりのヤング率を E, 断面2次モーメントを I_0 とするとき，固有円振動数とモード線図を示せ．

5. 図3.16は，張力 T で張られた弦に質量 m_1, m_2 が付いた振動系を示す．固有円振動数および振動モード線図を示せ．

6. 図3.17に示す2重振子の固有円振動数と振動モード線図を示せ．

問題　47

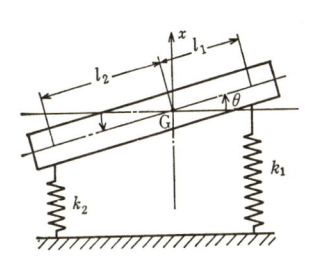

図 3.12 直線と回転の連成振動モデル

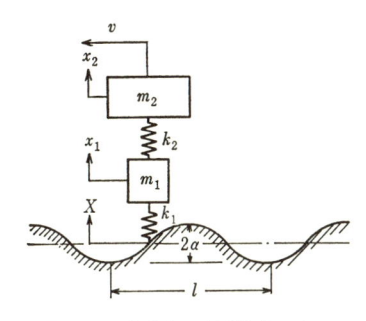

図 3.13 自動車の上下振動モデル

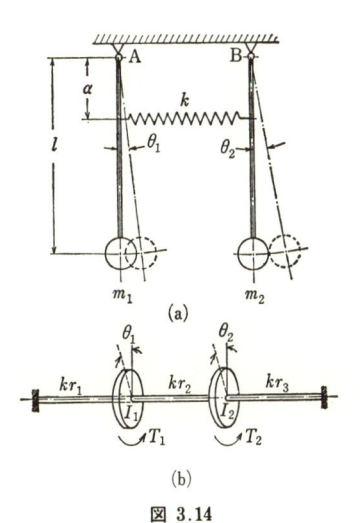

図 3.14
(a) 並列2重振子系,
(b) ねじり振動系.

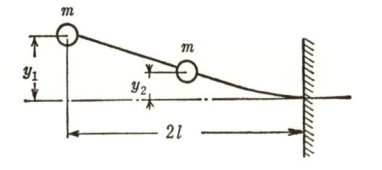

図 3.15 片持ちはり振動系

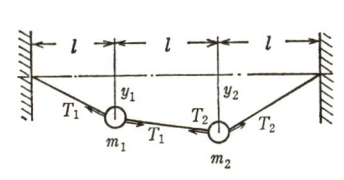

図 3.16 張力振子系

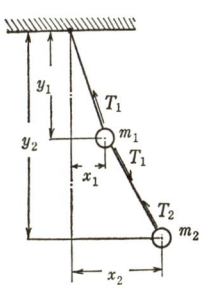

図 3.17 直列2重振子系

4 多自由度系の振動

4.1 一般座標と一般力

　多自由度系の振動を解析的に解くことは非常に困難であるが，電子計算機による多自由度系の数値解析は容易であり，よく行われる．多自由度の振動を解析するためには，まず運動方程式をたてることが必要である．しかし，自由度が多くなりまた複雑な運動となると，現象から直接的に物体に働く力やモーメントおよび拘束力を見出して，ニュートンの第2法則より系の運動方程式を導くことは面倒でかつ誤りをおかしやすい．したがって複雑な力学系では，その系のエネルギを求め，これより機械的に運動方程式を導くことのできるラグランジュの方程式がよく用いられる．

　力学系の位置を表すには，通常，直角座標，円柱座標，極座標などその力学系にとって便利な座標が用いられる．たとえば，1つの剛体の平面運動を記述するには，その剛体の重心の座標 (x,y) と xy 平面に垂直な z 軸まわりの回転角 θ_z の3つの座標 (x,y,θ_z) が必要になる．空間上の1つの剛体の運動を記述するには，重心の座標 (x,y,z) とこれらの軸方向の回転角 $\theta_x, \theta_y, \theta_z$ の6つの座標 $(x,y,z,\theta_x,\theta_y,\theta_z)$ が必要になる．このように力学系の位置を定めるにあたって，必要にして十分な独立変数をその力学系

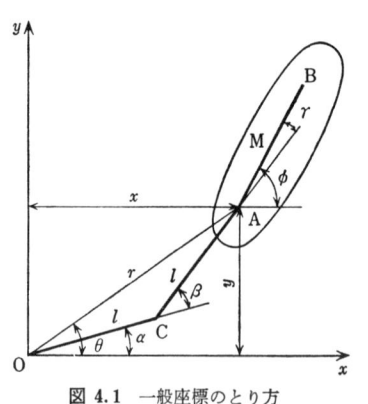

図 4.1　一般座標のとり方

の**一般座標**という．一般座標は座標のとり方によってその表示がいろいろ異なったものとなるが，その変数の数は変わらない．すなわち選ばれた座標 $q_1, q_2, \cdots, q_n$ の数 n は，その力学系の**自由度**の数 n に等しい．一般座標は必ずしも長さの次元をもつ必要はなく，何を一般座標に選ぶかは主として計算上の便宜さから決定

4.1 一般座標と一般力

される．たとえば，図4.1に示されるような，2つの等しい連接棒 $OC=CA=l$ で結ばれている剛体Mが平面運動をする場合を考えると，剛体の位置は剛体上のA点の直角座標 (x,y) と剛体Mに固定された直線 AB と x 軸のなす角 ϕ の3つの座標 (x,y,ϕ) で表示される．またA点までの距離を $OA=r$ とし，r が x 軸となす角を θ として，座標 (r,θ,ϕ) で与えることもできる．さらに，この場合は図に示す3つの独立な角変位 α,β,γ を用い，座標を (α,β,γ) として，剛体の位置を決めることもできる．座標 (α,β,γ) と座標 (x,y,ϕ)，(r,θ,ϕ) の間には次のような関係が成立する．

$$\left.\begin{array}{l} x=l\{\cos\alpha+\cos(\alpha+\beta)\} \\ y=l\{\sin\alpha+\sin(\alpha+\beta)\} \\ \phi=\alpha+\beta+\gamma \end{array}\right\} \quad (4.1)$$

また

$$\left.\begin{array}{l} r=\sqrt{2l^2-2l^2\cos(\pi-\beta)} \\ \theta=\alpha+\beta/2 \\ \phi=\phi \end{array}\right\} \quad (4.2)$$

このように力学系の位置を表す座標のとり方はいろいろあるが，各座標の数は自由度の数と同じ数だけあり，これらの各座標が一般座標である．

いま p 個の質点からなる n 自由度の質点系を考え，その一般座標を $q_1,q_2,\cdots,q_n$ とし，i 番目の質点の質量を m_i，空間に固定された直角座標 x,y,z に関する m_i の座標を (x_i,y_i,z_i) とすれば

$$\left.\begin{array}{l} x_i=x_i(q_1,q_2,\cdots,q_n) \\ y_i=y_i(q_1,q_2,\cdots,q_n) \\ z_i=z_i(q_1,q_2,\cdots,q_n) \end{array}\right\} \quad (4.3)$$

で表されるような関数を決めることができる．いま i 番目の質点 m_i に作用する力の直角座標の成分を F_{ix},F_{iy},F_{iz} とする．また一般座標の1つ q_r のみが変化し，$q_r+\delta q_r$ となる仮想変位 δq_r を考えると，直角座標 x_i,y_i,z_i は，それぞれ，$x_i+(\partial x_i/\partial q_r)\delta q_r,\ y_i+(\partial y_i/\partial q_r)\delta q_r,\ z_i+(\partial z_i/\partial q_r)\delta q_r$ に変化することになる．したがって，i 番目の質点の任意の仮想変位の x,y,z 方向成分 $\delta x_i,\delta y_i,\delta z_i$ は

$$\left.\begin{array}{l} \delta x_i=\dfrac{\partial x_i}{\partial q_1}\delta q_1+\dfrac{\partial x_i}{\partial q_2}\delta q_2+\cdots+\dfrac{\partial x_i}{\partial q_n}\delta q_n=\sum_{r=1}^{n}\dfrac{\partial x_i}{\partial q_r}\delta q_r \\ \delta y_i=\dfrac{\partial y_i}{\partial q_1}\delta q_1+\dfrac{\partial y_i}{\partial q_2}\delta q_2+\cdots+\dfrac{\partial y_i}{\partial q_n}\delta q_n=\sum_{r=1}^{n}\dfrac{\partial y_i}{\partial q_r}\delta q_r \end{array}\right\} \quad (4.4)$$

$$\delta z_i = \frac{\partial z_i}{\partial q_1}\delta q_1 + \frac{\partial z_i}{\partial q_2}\delta q_2 + \cdots + \frac{\partial z_i}{\partial q_n}\delta q_n = \sum_{r=1}^{n} \frac{\partial z_i}{\partial q_r}\delta q_r$$

したがって，このような仮想変位によってなされる仕事の総和 δW は

$$\begin{aligned}
\delta W &= \sum_{i}^{p} \delta W_i = \sum_{i}^{p}(F_{ix}\delta x_i + F_{iy}\delta y_i + F_{iz}\delta z_i) \\
&= \sum_{i=1}^{p}\left\{F_{ix}\left(\sum_{r=1}^{n}\frac{\partial x_i}{\partial q_r}\delta q_r\right) + F_{iy}\left(\sum_{r=1}^{n}\frac{\partial y_i}{\partial q_r}\delta q_r\right) + F_{iz}\left(\sum_{r=1}^{n}\frac{\partial z_i}{\partial q_r}\delta q_r\right)\right\} \\
&= \sum_{r=1}^{n}\left\{\sum_{i=1}^{p}\left(F_{ix}\frac{\partial x_i}{\partial q_r} + F_{iy}\frac{\partial y_i}{\partial q_r} + F_{iz}\frac{\partial z_i}{\partial q_r}\right)\right\}\delta q_r \\
&= \sum_{r=1}^{n} Q_r \delta q_r \quad (4.5)
\end{aligned}$$

ここで

$$Q_r = \sum_{i=1}^{p}\left(F_{ix}\frac{\partial x_i}{\partial q_r} + F_{iy}\frac{\partial y_i}{\partial q_r} + F_{iz}\frac{\partial z_i}{\partial q_r}\right) \quad (4.6)$$

Q_r を一般座標 q_r に関する**一般力**という．一般力 Q_r と座標 q_r の積が仕事量であるので，一般力 Q_r は必ずしも力の単位になるとは限らない．たとえば，座標 q_r が長さの単位であれば力の単位となるが，座標 q_r が角度の単位のときはモーメントの単位をとる．一般に力学系では，各質量は幾何学的な拘束を受けて特定の曲線上や曲面上を動いたり，あるいは質点間の距離を一定に保つなど，その運動が制約されている場合も多い．このような場合，拘束面がなめらかで運動面に垂直な拘束力のみが作用するときは，**拘束力**は変位に垂直となるので仕事量は零となり，これらの拘束力による仮想仕事の総和は常に零となる．したがって，拘束力は一般力として考える必要はない．しかし，摩擦力のある場合にはこの考えは成立しない．

4.2 ラグランジュの運動方程式

いま n 自由度の質点系を考え，質点 m_i の運動方程式をニュートンの第2法則より，直角座標を用いて示すと次式となる．

$$\left.\begin{aligned}
m_i\ddot{x}_i &= F_{ix} \\
m_i\ddot{y}_i &= F_{iy} \\
m_i\ddot{z}_i &= F_{iz}
\end{aligned}\right\} \quad (4.7)$$

式 (4.7) の第 1, 2, 3 式にそれぞれ $\partial x_i/\partial q_r$, $\partial y_i/\partial q_r$, $\partial z_i/\partial q_r$ を乗じ，p 個のすべての質点について加算すると

$$\sum_{i=1}^{p} m_i\left(\ddot{x}_i\frac{\partial x_i}{\partial q_r} + \ddot{y}_i\frac{\partial y_i}{\partial q_r} + \ddot{z}_i\frac{\partial z_i}{\partial q_r}\right) = \sum_{i=1}^{p}\left(F_{ix}\frac{\partial x_i}{\partial q_r} + F_{iy}\frac{\partial y_i}{\partial q_r} + F_{iz}\frac{\partial z_i}{\partial q_r}\right) \quad (4.8)$$

4.2 ラグランジュの運動方程式

もし系が質点の連続的分布から構成される剛体などの場合は，$\sum$ の代わりに積分を用いればよい．この場合，F_i の和は剛体に外部から作用する外力となる．式 (4.3) の x_i を時間 t で微分すると

$$\dot{x}_i = \frac{dx_i}{dt} = \frac{\partial x_i}{\partial q_1}\dot{q}_1 + \frac{\partial x_i}{\partial q_2}\dot{q}_2 + \cdots + \frac{\partial x_i}{\partial q_n}\dot{q}_n \tag{4.9}$$

となる．式 (4.9) をさらに $\dot{q}_r$ で偏微分すると

$$\frac{\partial \dot{x}_i}{\partial \dot{q}_r} = \frac{\partial x_i}{\partial q_r} \tag{4.10}$$

したがって

$$\ddot{x}_i \frac{\partial x_i}{\partial q_r} = \frac{d}{dt}\left(\dot{x}_i \frac{\partial x_i}{\partial q_r}\right) - \dot{x}_i \frac{d}{dt}\left(\frac{\partial x_i}{\partial q_r}\right)$$
$$= \frac{d}{dt}\left(\dot{x}_i \frac{\partial \dot{x}_i}{\partial \dot{q}_r}\right) - \dot{x}_i \frac{d}{dt}\left(\frac{\partial x_i}{\partial q_r}\right) \tag{4.11}$$

また

$$\frac{d}{dt}\left(\frac{\partial x_i}{\partial q_r}\right) = \frac{\partial^2 x_i}{\partial q_1 \partial q_r}\dot{q}_1 + \frac{\partial^2 x_i}{\partial q_2 \partial q_r}\dot{q}_2 + \cdots + \frac{\partial^2 x_i}{\partial q_n \partial q_r}\dot{q}_n$$
$$= \frac{\partial}{\partial q_r}\left(\frac{\partial x_i}{\partial q_1}\dot{q}_1 + \frac{\partial x_i}{\partial q_2}\dot{q}_2 + \cdots + \frac{\partial x_i}{\partial q_n}\dot{q}_n\right)$$
$$= \frac{\partial \dot{x}_i}{\partial q_r} \tag{4.12}$$

したがって，式 (4.11) に式 (4.12) を代入して

$$\ddot{x}_i \frac{\partial x_i}{\partial q_r} = \frac{d}{dt}\left(\dot{x}_i \frac{\partial \dot{x}_i}{\partial \dot{q}_r}\right) - \dot{x}_i \frac{\partial \dot{x}_i}{\partial q_r}$$
$$= \frac{d}{dt}\left\{\frac{\partial}{\partial \dot{q}_r}\left(\frac{1}{2}\dot{x}_i^2\right)\right\} - \frac{\partial}{\partial q_r}\left(\frac{1}{2}\dot{x}_i^2\right) \tag{4.13}$$

y_i, z_i についても式 (4.13) と同様な関係が成立するから，式 (4.8) の左辺は

$$\sum_{i=1}^{p} m_i\left(\ddot{x}_i \frac{\partial x_i}{\partial q_r} + \ddot{y}_i \frac{\partial y_i}{\partial q_r} + \ddot{z}_i \frac{\partial z_i}{\partial q_r}\right) = \frac{d}{dt}\left[\frac{\partial}{\partial \dot{q}_r}\left\{\sum_{i=1}^{p}\frac{1}{2}m_i(\dot{x}_i^2 + \dot{y}_i^2 + \dot{z}_i^2)\right\}\right]$$
$$- \frac{\partial}{\partial q_r}\left\{\sum_{i=1}^{p}\frac{1}{2}m_i(\dot{x}_i^2 + \dot{y}_i^2 + \dot{z}_i^2)\right\} \tag{4.14}$$

となる．ここで質点系の全体の運動エネルギは次式で与えられる．

$$T = \sum_{i=1}^{p}\frac{1}{2}m_i(\dot{x}_i^2 + \dot{y}_i^2 + \dot{z}_i^2) \tag{4.15}$$

したがって，式 (4.8) は式 (4.14) と式 (4.15) を用いて

$$\frac{d}{dt}\left(\frac{\partial T}{\partial \dot{q}_r}\right) - \frac{\partial T}{\partial q_r} = \sum_{i=1}^{p}\left(F_{ix}\frac{\partial x_i}{\partial q_r} + F_{iy}\frac{\partial y_i}{\partial q_r} + F_{iz}\frac{\partial z_i}{\partial q_r}\right) \quad (4.16)$$

式 (4.16) の右辺は,式 (4.6) で導いた一般力 Q_r に等しいから

$$\frac{d}{dt}\left(\frac{\partial T}{\partial \dot{q}_r}\right) - \frac{\partial T}{\partial q_r} = Q_r \quad (r=1, 2, \cdots, n) \quad (4.17)$$

式 (4.17) において $r=1, 2, \cdots, n$ とすれば,n 個の独立した方程式が得られる.すなわち,自由度の数 n に等しい数の関係式を得る.式 (4.17) を**ラグランジュ (Lagrange) の方程式**という.

さらに,質点 m_i に作用する外力が保存力の場合を考えてみよう.**保存力**の場合とは,ばね力,重力,万有引力などのように,力が位置の関数で表される力学場で,座標が決まると力が決定される.このような場合,質点 m_i に作用する外力によってなされる仕事 V は,基準位置からの座標の関数として表される.これをポテンシャルエネルギという.$V=V(q_1, q_2, \cdots, q_n)$ というポテンシャルエネルギ V の減少が,その系に作用する力のなした仕事に等しいから,位置 $(q_1, q_2, \cdots, q_n)$ からわずかな変位 $(\delta q_1, \delta q_2, \cdots, \delta q_n)$ があるとすると

$$-\delta V = Q_1 \delta q_1 + Q_2 \delta q_2 + \cdots + Q_n \delta q_n \quad (4.18)$$

これより

$$Q_r = -\frac{\partial V}{\partial q_r} \quad (4.19)$$

また,直角座標で表すと,各力の成分は

$$F_{ix} = -\frac{\partial V}{\partial x_i}, \quad F_{iy} = -\frac{\partial V}{\partial y_i}, \quad F_{iz} = -\frac{\partial V}{\partial z_i} \quad (4.20)$$

で与えられる.式 (4.19) を式 (4.6) に代入して

$$Q_r = -\sum_{i=1}^{p}\left(\frac{\partial V}{\partial x_i}\frac{\partial x_i}{\partial q_r} + \frac{\partial V}{\partial y_i}\frac{\partial y_i}{\partial q_r} + \frac{\partial V}{\partial z_i}\frac{\partial z_i}{\partial q_r}\right) = -\frac{\partial V}{\partial q_r} \quad (4.21)$$

を得る.したがって,式 (4.17) のラグランジュの方程式は次式で与えられる.

$$\frac{d}{dt}\left(\frac{\partial T}{\partial \dot{q}_r}\right) - \frac{\partial T}{\partial q_r} + \frac{\partial V}{\partial q_r} = 0 \quad (r=1, 2, \cdots, n) \quad (4.22)$$

V は位置の関数であり,一般座標 q_r のみの関数であって一般速度 $\dot{q}_r$ の項は含まれないから

$$\frac{\partial V}{\partial \dot{q}_r} = 0 \quad (4.23)$$

となる.したがって

4.2 ラグランジュの運動方程式

$$L = T - V \tag{4.24}$$

とおくと，外力が保存力のみの場合のラグランジュの方程式は

$$\frac{d}{dt}\left(\frac{\partial L}{\partial \dot{q}_r}\right) - \frac{\partial L}{\partial q_r} = 0 \quad (r = 1, 2, \cdots, n) \tag{4.25}$$

L をラグランジュ関数またはラグランジュアンという．外力が保存力のみでないときは，保存力以外の一般力を新たに Q_r とすれば，式 (4.24) は

$$\frac{d}{dt}\left(\frac{\partial L}{\partial \dot{q}_r}\right) - \frac{\partial L}{\partial q_r} = Q_r \quad (r = 1, 2, \cdots, n) \tag{4.26}$$

となる．

もし外力中に

$$F_{ix}' = -c_{ix}\dot{x}_i, \quad F_{iy}' = -c_{iy}\dot{y}_i, \quad F_{iz}' = -c_{iz}\dot{z}_i \tag{4.27}$$

で示される粘性減衰力が含まれているとすれば

$$D = \frac{1}{2}\sum_{i=1}^{p}(c_{ix}\dot{x}_i^2 + c_{iy}\dot{y}_i^2 + c_{iz}\dot{z}_i^2) \tag{4.28}$$

なる関数を導入すると

$$F_{ix}' = -\frac{\partial D}{\partial \dot{x}_i} = -c_{ix}\dot{x}_i, \quad F_{iy}' = -\frac{\partial D}{\partial \dot{y}_i} = -c_{iy}\dot{y}_i,$$

$$F_{iz}' = -\frac{\partial D}{\partial \dot{z}_i} = -c_{iz}\dot{z}_i \tag{4.29}$$

となる．ここで，ポテンシャルエネルギで取り扱った考え方を応用して，一般力 Q_r の式 (4.6) に式 (4.27) を代入し，式 (4.10) を用いると

$$\begin{aligned}Q_r' &= \sum_{i=1}^{p}\left(F_{ix}'\frac{\partial x_i}{\partial q_r} + F_{iy}'\frac{\partial y_i}{\partial q_r} + F_{iz}'\frac{\partial z_i}{\partial q_r}\right) \\ &= \sum_{i=1}^{p}\left(F_{ix}'\frac{\partial \dot{x}_i}{\partial \dot{q}_r} + F_{iy}'\frac{\partial \dot{y}_i}{\partial \dot{q}_r} + F_{iz}'\frac{\partial \dot{z}_i}{\partial \dot{q}_r}\right) \\ &= -\sum_{i=1}^{p}\left(c_{ix}\dot{x}_i\frac{\partial \dot{x}_i}{\partial \dot{q}_r} + c_{iy}\dot{y}_i\frac{\partial \dot{y}_i}{\partial \dot{q}_r} + c_{iz}\dot{z}_i\frac{\partial \dot{z}_i}{\partial \dot{q}_r}\right) \\ &= -\frac{\partial}{\partial \dot{q}_r}\left\{\frac{1}{2}\sum_{i=1}^{p}(c_{ix}\dot{x}_i^2 + c_{iy}\dot{y}_i^2 + c_{iz}\dot{z}_i^2)\right\} \\ &= -\frac{\partial D}{\partial \dot{q}_r} \end{aligned} \tag{4.30}$$

となる．したがって，ラグランジュの方程式は

$$\frac{d}{dt}\left(\frac{\partial T}{\partial \dot{q}_r}\right) - \frac{\partial T}{\partial q_r} + \frac{\partial V}{\partial q_r} + \frac{\partial D}{\partial \dot{q}_r} = Q_r \quad (r = 1, 2, \cdots, n) \tag{4.31}$$

または

$$\frac{d}{dt}\left(\frac{\partial L}{\partial \dot{q}_r}\right) - \frac{\partial L}{\partial q_r} + \frac{\partial D}{\partial \dot{q}_r} = Q_r \quad (r=1,2,\cdots,n) \tag{4.32}$$

で与えられる．D のことを**散逸関数**という．粘性減衰力は質点 m_i と m_j の間の相対速度に比例する場合が多い．したがって，この場合の散逸関数は m_i, m_j の座標を (x_i, y_i, z_i), (x_j, y_j, z_j) とし，減衰係数を $c_{ijx}, c_{ijy}, c_{ijz}$ とすれば

$$D = \frac{1}{2}\{c_{ijx}(\dot{x}_i - \dot{x}_j)^2 + c_{ijy}(\dot{y}_i - \dot{y}_j)^2 + c_{ijz}(\dot{z}_i - \dot{z}_j)^2\} \tag{4.33}$$

で与えられる．

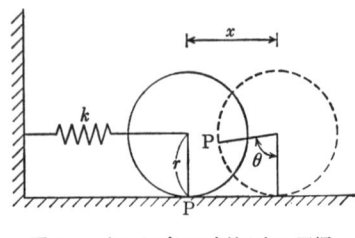

図 4.2 中心をばねで支持された円板

〔**例題 4.1**〕 図 4.2 に示すような水平面上に，質量 m，半径 r の円板がすべることなくころがるものとして，この系の運動方程式をラグランジュの方程式より導き，固有円振動数を求めよ．

〔**解**〕 運動エネルギ T は

$$T = \frac{1}{2}m\dot{x}^2 + \frac{1}{2}I\dot{\theta}^2, \quad ただし \quad I = \frac{1}{2}mr^2$$

幾何学的関係から $r\theta = x$ であるので

$$T = \frac{1}{2}m\dot{x}^2 + \frac{1}{2}\left(\frac{1}{2}mr^2\right)\frac{\dot{x}^2}{r^2} = \frac{3}{4}m\dot{x}^2$$

ポテンシャルエネルギ V は

$$V = \int_0^x kx\,dx = \frac{1}{2}kx^2$$

したがって，式 (4.22) のラグランジュの方程式に代入して

$$\frac{3}{2}m\ddot{x} + kx = 0 \quad \therefore \quad \ddot{x} + \frac{2}{3}\frac{k}{m}x = 0$$

したがって，固有円振動数 ω_n は

$$\omega_n = \sqrt{\frac{2}{3}\frac{k}{m}}$$

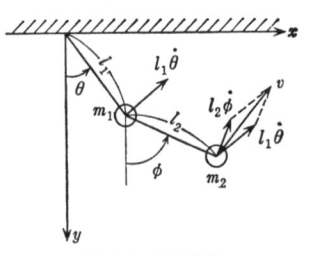

図 4.3 二重振子

〔**例題 4.2**〕 図 4.3 に示すように，質量 m_1, m_2，ひもの長さ l_1, l_2 の二重振子の運動方程式を，ラグランジュの式を用いて求めよ．

〔**解**〕 l_1, l_2 と y 軸とのなす角 θ, ϕ を一般座標にとり，質点 m_1, m_2 の座標を，(x_1, y_1), (x_2, y_2)，速度を v_1, v_2 とすれば

$$x_1 = l_1 \sin\theta \qquad\qquad \dot{x}_1 = l_1\dot\theta \cos\theta$$
$$y_1 = l_1 \cos\theta \qquad\qquad \dot{y}_1 = -l_1\dot\theta \sin\theta$$
$$x_2 = l_1 \sin\theta + l_2 \sin\phi \qquad \dot{x}_2 = l_1\dot\theta \cos\theta + l_2\dot\phi \cos\phi$$
$$y_2 = l_1 \cos\theta + l_2 \cos\phi \qquad \dot{y}_2 = -l_1\dot\theta \sin\theta - l_2\dot\phi \sin\phi$$

運動エネルギは

$$T = \frac{1}{2}m_1 v_1^2 + \frac{1}{2}m_2 v_2^2 = \frac{1}{2}m_1(\dot{x}_1^2 + \dot{y}_1^2) + \frac{1}{2}m_2(\dot{x}_2^2 + \dot{y}_2^2)$$
$$= \frac{1}{2}m_1(l_1^2\dot\theta^2 \cos^2\theta + l_1^2\dot\theta^2 \sin^2\theta) + \frac{1}{2}m_2\{(l_1\dot\theta \cos\theta + l_2\dot\phi \cos\phi)^2$$
$$+ (-l_1\dot\theta \sin\theta - l_2\dot\phi \sin\phi)^2\}$$
$$= \frac{1}{2}m_1 l_1^2 \dot\theta^2 + \frac{1}{2}m_2\{l_1^2\dot\theta^2 + l_2^2\dot\phi^2 + 2l_1 l_2 \dot\theta\dot\phi \cos(\phi-\theta)\}$$

平衡位置 ($\theta = 0, \phi = 0$) を基準点にとるとポテンシャルエネルギは

$$V = m_1 g l_1 (1-\cos\theta) + m_2 g \{l_1(1-\cos\theta) + l_2(1-\cos\phi)\}$$

式 (4.22) のラグランジュの方程式に代入すると

$$\frac{d}{dt}\left(\frac{\partial T}{\partial \dot\theta}\right) = (m_1+m_2)l_1^2 \ddot\theta + m_2 l_1 l_2 \ddot\phi \cos(\phi-\theta) - m_2 l_1 l_2 \dot\phi(\dot\phi - \dot\theta)\sin(\phi-\theta)$$

$$\frac{d}{dt}\left(\frac{\partial T}{\partial \dot\phi}\right) = m_2\{l_1 l_2 \ddot\theta \cos(\phi-\theta) - l_1 l_2 \dot\theta(\dot\phi-\dot\theta)\sin(\phi-\theta) + l_2^2 \ddot\phi\}$$

$$-\frac{\partial T}{\partial \theta} = -m_2 l_1 l_2 \dot\theta\dot\phi \sin(\phi-\theta), \quad -\frac{\partial T}{\partial \phi} = m_2 l_1 l_2 \dot\theta\dot\phi \sin(\phi-\theta)$$

$$\frac{\partial V}{\partial \theta} = (m_1+m_2)g l_1 \sin\theta, \quad \frac{\partial V}{\partial \phi} = m_2 g l_2 \sin\phi$$

したがって

$$(m_1+m_2)l_1^2 \ddot\theta + m_2 l_1 l_2 \ddot\phi \cos(\phi-\theta) - m_2 l_1 l_2 \dot\phi^2 \sin(\phi-\theta) + (m_1+m_2)g l_1 \sin\theta = 0$$
$$m_2 l_1 l_2 \ddot\theta \cos(\phi-\theta) + m_2 l_2^2 \ddot\phi + m_2 l_1 l_2 \dot\theta^2 \sin(\phi-\theta) + m_2 g l_2 \sin\phi = 0$$

上式は非線形方程式で複雑であるが，微小振動で $\theta \ll 1$, $\phi \ll 1$ の場合，3次以上の微小量を省略し，次のように線形化される．

$$(m_1+m_2)l_1 \ddot\theta_1 + m_2 l_2 \ddot\phi + (m_1+m_2)g\theta = 0$$
$$l_1 \ddot\theta + l_2 \ddot\phi + g\phi = 0$$

〔**例題 4.3**〕 図 4.4 に示すように，長さ $2l$ で質量 m の一様な棒の上端が，ば

ね定数 k によって x 方向にのみ可動する質量のないローラに取り付けられている．棒の下端には水平方向に力 F が作用している．棒は鉛直平面で運動するものとする．棒の重心まわりの慣性モーメント I を，$I=m\rho^2$ (ρ：回転慣性の半径) として，この棒の運動方程式を求めよ．

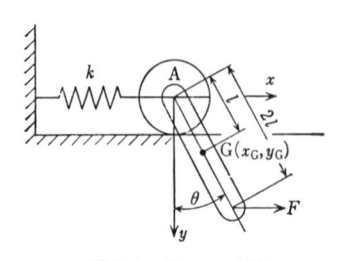

図 4.4 クレーンモデル

〔解〕 鉛直面内に図 4.4 のような直角座標系 O-xy をとり，鉛直線と棒とのなす角を θ とし，支点 A の変位を x とすれば，棒の重心の座標 (x_G, y_G) は

$$x_G = x + l\sin\theta, \quad y_G = l\cos\theta$$
$$\dot{x}_G = \dot{x} + l\dot{\theta}\cos\theta, \quad \dot{y}_G = -l\dot{\theta}\sin\theta$$
$$v_G^2 = \dot{x}_G^2 + \dot{y}_G^2$$

したがって，運動エネルギ T は

$$T = \frac{1}{2}mv_G^2 + \frac{1}{2}I\dot{\theta}^2 = \frac{1}{2}m\{(\dot{x}+l\dot{\theta}\cos\theta)^2 + (-l\dot{\theta}\sin\theta)^2 + \rho^2\dot{\theta}^2\}$$
$$= \frac{1}{2}m\{\dot{x}^2 + 2l\dot{x}\dot{\theta}\cos\theta + l^2\dot{\theta}^2\cos^2\theta + l^2\dot{\theta}^2\sin^2\theta + \rho^2\dot{\theta}^2\}$$
$$= \frac{1}{2}m\{\dot{x}^2 + 2l\dot{x}\dot{\theta}\cos\theta + (l^2+\rho^2)\dot{\theta}^2\}$$

いま，ばねののびは x であるので，ポテンシャルエネルギ V は

$$V = mgl(1-\cos\theta) + \frac{1}{2}kx^2$$

$F_{ix}=F$, $F_{iy}=F_{iz}=0$ で

$$Q_x = F, \quad Q_\theta = Fl\cos\theta$$

したがって，これをラグランジュの方程式に代入すると，下記の運動方程式を得る．

$$m(\ddot{x} + l\ddot{\theta}\cos\theta - l\dot{\theta}^2\sin\theta) + kx = F$$
$$m\{l\ddot{x}\cos\theta + (l^2+\rho^2)\ddot{\theta}\} + mgl\sin\theta = Fl\cos\theta$$

〔例題 4.4〕 図 4.5 のように，半径 R の凹形で質量 m の剛体が，ばね k を通してなめらかなテーブルの上におかれている．さらに凹形の剛体の中に半径 r, 質量 $m/2$ の円柱が入れられている．凹形の剛体は摩擦なしに水平方向に動くものとし，円柱は凹形の剛体上をすべることなくころがるものとして，この系の運

動方程式を求めよ．

〔解〕 図のように，円柱の回転角を θ，凹形の中心線と円柱の中心と接点を結ぶ直線のなす角を ϕ とし，凹形の水平方向の変位を x とすれば，幾何学的関係 $R\phi=r(\theta+\phi)$ から

$$r\theta=(R-r)\phi$$

$$\frac{1}{2}I\dot{\theta}^2=\frac{1}{2}\left(\frac{m}{4}r^2\right)\dot{\theta}^2$$

$$=\frac{1}{8}m(R-r)^2\dot{\phi}^2$$

$\left(\text{円柱の慣性モーメントは}\ I=\frac{1}{2}\left(\frac{m}{2}\right)r^2\right)$

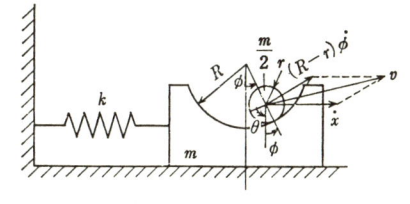

図 4.5 凹形の剛体と円柱からなる振動系

円柱の速度 v は図 4.5 の円周速度 $(R-r)\dot{\phi}$ と並進速度 $\dot{x}$ のベクトル和から（各人は直角座標を用いて v を導きなさい）

$$v^2=\dot{x}^2+(R-r)^2\dot{\phi}^2-2\dot{x}(R-r)\dot{\phi}\cos(\pi-\phi)$$

したがって，運動エネルギ T とポテンシャルエネルギ V は

$$T=\frac{1}{2}m\dot{x}^2+\frac{m}{4}v^2+\frac{1}{2}I\dot{\theta}^2=\frac{3}{4}m\dot{x}^2+\frac{3}{8}m(R-r)^2\dot{\phi}^2+\frac{1}{2}m\dot{x}(R-r)\dot{\phi}\cos\phi$$

$$V=\frac{1}{2}kx^2+\frac{1}{2}mg(R-r)(1-\cos\phi)$$

式 (4.25) のラグランジュの方程式に代入して下記の運動方程式が得られる．

$$\frac{d}{dt}\left(\frac{\partial L}{\partial \dot{x}}\right)-\frac{\partial L}{\partial x}=0,\quad \frac{d}{dt}\left(\frac{\partial L}{\partial \dot{\phi}}\right)-\frac{\partial L}{\partial \phi}=0$$

$$\frac{3}{2}m\ddot{x}+\frac{1}{2}m(R-r)\ddot{\phi}\cos\phi-\frac{1}{2}m(R-r)\dot{\phi}^2\sin\phi+kx=0$$

$$\frac{3}{2}(R-r)\ddot{\phi}+\ddot{x}\cos\phi+g\sin\phi=0$$

4.3 線形振動の解法

a. 平衡点付近の微小振動

n 自由度系の振動の一般座標を $q_1, q_2, \cdots, q_n$ とし，平衡点付近における微小振動を考える．平衡点とは力がつりあい，静止の状態位置をいう．したがって平衡点では，$\dot{q}_1=\dot{q}_2=\cdots=\dot{q}_n=0$，$\ddot{q}_1=\ddot{q}_2=\cdots=\ddot{q}_n=0$ である．いま，つりあいの位置を原点にとって一般座標を表すことにして，平衡位置のポテンシャルエネルギを

V_0 とすれば $V_0=0$ となるので，ポテンシャルエネルギ V は平衡点のまわりでテーラー (Taylor) 展開すると

$$V(q_1,q_2,\cdots,q_n) = \frac{\partial V}{\partial q_1}\Big|_0 q_1 + \frac{\partial V}{\partial q_2}\Big|_0 q_2 + \cdots + \frac{\partial V}{\partial q_n}\Big|_0 q_n$$

$$+ \frac{1}{2}\left\{\frac{\partial^2 V}{\partial q_1{}^2}\Big|_0 q_1{}^2 + \frac{\partial^2 V}{\partial q_2{}^2}\Big|_0 q_2{}^2 + \cdots + \frac{\partial^2 V}{\partial q_n{}^2}\Big|_0 q_n{}^2 + 2\frac{\partial^2 V}{\partial q_1 \partial q_2}\Big|_0 q_1 q_2 + \cdots\right\}$$

$$+ (q_1,q_2,\cdots,q_n \text{ の 3 次以上の項}) \tag{4.34}$$

また，平衡点では力がつりあい状態にあるので，$Q_r=-\partial V/\partial q_r=0$ となる．微小振動を考えているので，微小量 $q_1,q_2,\cdots,q_n$ の 3 次以上の項を無視すると，ポテンシャルエネルギは

$$V(q_1,q_2,\cdots,q_n) = \frac{1}{2}(k_{11}q_1{}^2 + k_{22}q_2{}^2 + \cdots + k_{nn}q_n{}^2 + 2k_{12}q_1 q_2 + \cdots)$$

$$= \frac{1}{2}\sum_{i=1}^{n}\sum_{j=1}^{n} k_{ij}q_i q_j \tag{4.35}$$

ただし $\quad k_{ij}=\dfrac{\partial^2 V}{\partial q_i \partial q_j}\Big|_0, \quad k_{ij}=k_{ji} \tag{4.36}$

式 (4.35) から，ポテンシャルエネルギは，一般座標 $q_1,q_2,\cdots,q_n$ に関する定数係数の 2 次形式で与えられることになる．この k_{ij} を，**一般ばね定数**という．式 (4.35) が成立するのは，系が保存力の場であり，振動が微小振動であり，かつつりあい点を一般座標の原点にとっている場合である．次に運動エネルギは

$$T = \frac{1}{2}\sum_{i=1}^{p} m_i(\dot{x}_i{}^2 + \dot{y}_i{}^2 + \dot{z}_i{}^2)$$

式 (4.3) から

$$\dot{x}_i = \frac{\partial x_i}{\partial q_1}\dot{q}_1 + \frac{\partial x_i}{\partial q_2}\dot{q}_2 + \cdots, \quad \dot{y}_i = \frac{\partial y_i}{\partial q_1}\dot{q}_1 + \frac{\partial y_i}{\partial q_2}\dot{q}_2 + \cdots,$$

$$\dot{z}_i = \frac{\partial z_i}{\partial q_1}\dot{q}_1 + \frac{\partial z_i}{\partial q_2}\dot{q}_2 + \cdots$$

であるので，これを代入して

$$T = \frac{1}{2}\sum_{i=1}^{p} m_i\left[\left\{\left(\frac{\partial x_i}{\partial q_1}\right)^2 + \left(\frac{\partial y_i}{\partial q_1}\right)^2 + \left(\frac{\partial z_i}{\partial q_1}\right)^2\right\}\dot{q}_1{}^2 + \left\{\left(\frac{\partial x_i}{\partial q_2}\right)^2 + \left(\frac{\partial y_i}{\partial q_2}\right)^2\right.\right.$$

$$\left.\left. + \left(\frac{\partial z_i}{\partial q_2}\right)^2\right\}\dot{q}_2{}^2 + \cdots + 2\left(\frac{\partial x_i}{\partial q_1}\frac{\partial x_i}{\partial q_2} + \frac{\partial y_i}{\partial q_1}\frac{\partial y_i}{\partial q_2} + \frac{\partial z_i}{\partial q_1}\frac{\partial z_i}{\partial q_2}\right)\dot{q}_1\dot{q}_2 + \cdots\right]$$

したがって

$$T = \frac{1}{2}\sum_{i=1}^{n}\sum_{j=1}^{n} m_{ij}(q_1,q_2,\cdots,q_n)\dot{q}_i\dot{q}_j \tag{4.37}$$

ただし

$$m_{ij} = m_{ij}(q_1, q_2, \cdots, q_n) = \sum_{k=1}^{p} m_k \left(\frac{\partial x_k}{\partial q_i} \frac{\partial x_k}{\partial q_j} + \frac{\partial y_k}{\partial q_i} \frac{\partial y_k}{\partial q_j} + \frac{\partial z_k}{\partial q_i} \frac{\partial z_k}{\partial q_j} \right)$$

m_{ij} をテーラー展開すると

$$m_{ij}(q_1, q_2, \cdots, q_n) = m_{ij}\Big|_0 + \frac{\partial m_{ij}}{\partial q_1}\Big|_0 q_1 + \frac{\partial m_{ij}}{\partial q_2}\Big|_0 q_2 + \cdots$$

上式を式 (4.37) に代入し，$q_i, \dot{q}_i, \dot{q}_j$ の微小量の 3 次以上の項を無視すると

$$T = \frac{1}{2} \sum_{i=1}^{n} \sum_{j=1}^{n} m_{ij} \dot{q}_i \dot{q}_j, \quad m_{ij} = m_{ji} = m_{ij}|_0 = \text{一定} \quad (4.38)$$

ここで m_{ij} を**一般質量**という．式 (4.38) から，運動エネルギは一般速度 $\dot{q}_1, \dot{q}_2, \cdots, \dot{q}_n$ に関する定数係数の 2 次形式で与えられることになる．これは微小振動と考えた場合である．

ポテンシャルエネルギ V の中に，$k_{ij}(i \neq j)$ がある場合を**静的連成**があるといい，運動エネルギ T の中に $m_{ij}(i \neq j)$ がある場合を**動的連成**があるという．静的連成，動的連成になるかどうかは，一般座標の選び方によって決まるのであって，その力学系によって決まるのではない．

静的連成も動的連成もない一組の座標を選ぶこともできる．このような場合，運動エネルギの式 (4.38)，ポテンシャルエネルギの式 (4.34) および運動方程式 (4.35) は，次式のようになる．

$$T = \frac{1}{2} \sum_{i=1}^{n} m_i \dot{q}_i^2, \quad V = \frac{1}{2} \sum_{i=1}^{n} k_i q_i^2 \quad (4.39)$$

$$m_{11}\ddot{q}_1 + k_{11}q_1 = 0, \quad m_{22}\ddot{q}_2 + k_{22}q_2 = 0, \cdots, m_{nn}\ddot{q}_n + k_{nn}q_n = 0 \quad (4.40)$$

この座標を**基準座標**という．一般座標はこれら基準座標の線形結合で表される．

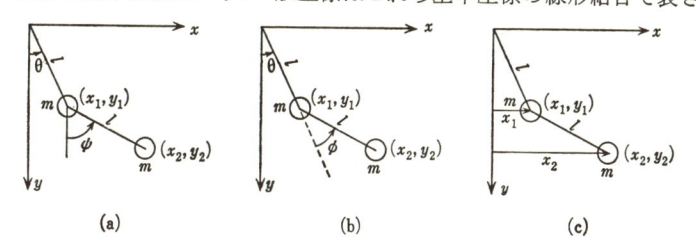

図 4.6 二重振子

〔例題 4.5〕 図 4.6(a)(b)(c) に示された等しい質量 m と等しいひもからなる二重振子の微小振動を考える．図に示した座標のとり方によって，一般ばね定数ならびに一般質量はどのように変わるか．

〔解〕（a）の場合のポテンシャルエネルギ V と運動エネルギ T は，例題 4.2 を参照して

$$V = mgl(1-\cos\theta) + mgl(2-\cos\theta-\cos\phi)$$

$$T = \frac{1}{2}ml^2\dot{\theta}^2 + \frac{1}{2}ml^2\{\dot{\theta}^2 + \dot{\phi}^2 + 2\dot{\theta}\dot{\phi}\cos(\phi-\theta)\}$$

$\sin\theta \fallingdotseq \theta$, $\cos\phi \fallingdotseq 1-\frac{1}{2}\phi^2$ とし，微小振動として2次の微小量までとると

$$V = mgl\theta^2 + \frac{1}{2}mgl\phi^2, \quad T = ml^2\dot{\theta}^2 + \frac{1}{2}ml^2\dot{\phi}^2 + ml^2\dot{\phi}\dot{\theta}$$

したがって，一般ばね定数と一般質量は

$$k_{11} = 2mgl, \quad k_{22} = mgl, \quad k_{12} = k_{21} = 0$$
$$m_{11} = 2ml^2, \quad m_{22} = ml^2, \quad m_{12} = m_{21} = ml^2 \quad (\text{動的連成項})$$

（b）の場合のポテンシャルエネルギ V と運動エネルギ T は

$$V = mgl(1-\cos\theta) + mgl\{2-\cos\theta-\cos(\theta+\phi)\}$$

$$T = \frac{1}{2}ml^2\dot{\theta}^2 + \frac{1}{2}ml^2\{\dot{\theta}^2 + (\dot{\theta}+\dot{\phi})^2 + 2\dot{\theta}(\dot{\theta}+\dot{\phi})\cos\phi\}$$

微小振動として2次の微小量までとると

$$V = \frac{3}{2}mgl\theta^2 + \frac{1}{2}mgl\phi^2 + mgl\theta\phi, \quad T = \frac{5}{2}ml^2\dot{\theta}^2 + 2ml^2\dot{\theta}\dot{\phi} + \frac{1}{2}ml^2\dot{\phi}^2$$

したがって，一般ばね定数と一般質量は

$$k_{11} = 3mgl, \quad k_{22} = mgl, \quad k_{12} = k_{21} = mgl \quad (\text{静的連成項})$$
$$m_{11} = 5ml^2, \quad m_{22} = ml^2, \quad m_{12} = m_{21} = 2ml^2 \quad (\text{動的連成項})$$

（c）の場合のポテンシャルエネルギ V は $\cos\theta = \sqrt{1-(x_1/l)^2}$, $\cos\psi = \sqrt{1-\{(x_2-x_1)/l\}^2}$ より

$$V = mgl\{1-\sqrt{1-(x_1/l)^2}\} + mgl[2-\sqrt{1-(x_1/l)^2}-\sqrt{1-\{(x_2-x_1)/l\}^2}]$$

$$\fallingdotseq \frac{3}{2}\frac{mg}{l}x_1^2 - \frac{mg}{l}x_1 x_2 + \frac{1}{2}\frac{mg}{l}x_2^2$$

例題 4.2 の $\dot{y}_1^2, \dot{y}_2^2$ の項は4次の微小量となるから，運動エネルギは

$$T = \frac{1}{2}m\dot{x}_1^2 + \frac{1}{2}m\dot{x}_2^2$$

したがって，一般ばね定数と一般質量は

$$k_{11} = 3mg/l, \quad k_{22} = mg/l, \quad k_{12} = k_{21} = -mg/l \quad (\text{静的連成項})$$
$$m_{11} = m, \quad m_{22} = m, \quad m_{12} = m_{21} = 0$$

b. 自由振動

平衡点付近の微小振動におけるポテンシャルエネルギは，式 (4.35)，運動エネルギは式 (4.38) で与えられる．これらは定数係数の 2 次形式の形で示され，$\partial T/\partial q_r = 0$ であるので，ラグランジュの運動方程式 (4.22) は

$$\frac{d}{dt}\left(\frac{\partial T}{\partial \dot{q}_r}\right) + \frac{\partial V}{\partial q_r} = 0 \tag{4.41}$$

となる．したがって，ラグランジュの方程式 (4.41) に式 (4.35) と式 (4.38) を代入し，連成のある場合を考えると

$$\left.\begin{array}{l} m_{11}\ddot{q}_1 + m_{12}\ddot{q}_2 + \cdots + m_{1n}\ddot{q}_n + k_{11}q_1 + k_{12}q_2 + \cdots + k_{1n}q_n = 0 \\ m_{21}\ddot{q}_1 + m_{22}\ddot{q}_2 + \cdots + m_{2n}\ddot{q}_n + k_{21}q_1 + k_{22}q_2 + \cdots + k_{2n}q_n = 0 \\ \cdots\cdots\cdots\cdots\cdots\cdots\cdots\cdots\cdots\cdots\cdots\cdots\cdots\cdots \\ m_{n1}\ddot{q}_1 + m_{n2}\ddot{q}_2 + \cdots + m_{nn}\ddot{q}_n + k_{n1}q_1 + k_{n2}q_2 + \cdots + k_{nn}q_n = 0 \end{array}\right\} \tag{4.42}$$

式 (4.42) をマトリックス形で書くと

$$\begin{pmatrix} m_{11} & m_{12} & \cdots & m_{1n} \\ m_{21} & m_{22} & \cdots & m_{2n} \\ \vdots & \vdots & & \vdots \\ m_{n1} & m_{n2} & \cdots & m_{nn} \end{pmatrix} \begin{pmatrix} \ddot{q}_1 \\ \ddot{q}_2 \\ \vdots \\ \ddot{q}_n \end{pmatrix} + \begin{pmatrix} k_{11} & k_{12} & \cdots & k_{1n} \\ k_{21} & k_{22} & \cdots & k_{2n} \\ \vdots & \vdots & & \vdots \\ k_{n1} & k_{n2} & \cdots & k_{nn} \end{pmatrix} \begin{pmatrix} q_1 \\ q_2 \\ \vdots \\ q_n \end{pmatrix} = \begin{pmatrix} 0 \\ 0 \\ \vdots \\ 0 \end{pmatrix} \tag{4.43}$$

あるいは [ ] を正方マトリックス，{ } を列ベクトルとして示すと

$$[M]\{\ddot{q}\} + [K]\{q\} = \{0\} \tag{4.44}$$

$[M], [K]$ は式 (4.36)，式 (4.38) より $m_{ij} = m_{ji}$, $k_{ij} = k_{ji}$ であるので，対称マトリックスである．$[M]$ を**慣性マトリックス**，$[K]$ を**剛性マトリックス**という．式 (4.43) または式 (4.44) の基本解を

$$q_j(t) = A_j f(t) \quad (j = 1, 2, \cdots, n) \tag{4.45}$$

とおき，式 (4.43) または式 (4.44) に代入すると

$$\ddot{f}(t)[M]\{A\} + f(t)[K]\{A\} = \{0\} \tag{4.46}$$

または，次式となる．

$$\sum_{j=1}^{n} m_{ij} A_j \ddot{f}(t) + \sum_{j=1}^{n} k_{ij} A_j f(t) = 0 \quad (i = 1, 2, \cdots, n) \tag{4.47}$$

$\ddot{f}(t) = -\omega^2 f(t)$ より $\quad -\dfrac{\ddot{f}(t)}{f(t)} = \dfrac{\sum_{j=1}^{n} k_{ij} A_j}{\sum_{j=1}^{n} m_{ij} A_j} = \omega^2 \quad (i = 1, 2, \cdots, n) \tag{4.48}$

式 (4.48) の左辺は時間 t の関数のみであり，右辺は t に無関係であることから，

式 (4.48) が成立するためには両辺が一定値でなければならない．この一定値を ω^2 とすると

$$\ddot{f}(t) + \omega^2 f(t) = 0 \tag{4.49}$$

$$\sum_{j=1}^{n}(\omega^2 m_{ij} - k_{ij})A_{ij} = 0 \quad (i=1,2,\cdots,n) \tag{4.50}$$

式 (4.49) の解は $f(t) = \sin(\omega t + \alpha)$ で与えられる．したがって，式 (4.46) は次式で示される．

$$\omega^2[M]\{A\} - [K]\{A\} = \{0\} \tag{4.51}$$

式 (4.51) は次のようにも書ける．

$$\left.\begin{array}{l}(k_{11}-m_{11}\omega^2)A_1+(k_{12}-m_{12}\omega^2)A_2+\cdots+(k_{1n}-m_{1n}\omega^2)A_n=0\\(k_{21}-m_{21}\omega^2)A_1+(k_{22}-m_{22}\omega^2)A_2+\cdots+(k_{2n}-m_{2n}\omega^2)A_n=0\\\cdots\cdots\cdots\cdots\cdots\cdots\cdots\cdots\cdots\cdots\cdots\cdots\cdots\cdots\cdots\cdots\cdots\cdots\cdots\cdots\\(k_{n1}-m_{n1}\omega^2)A_1+(k_{n2}-m_{n2}\omega^2)A_2+\cdots+(k_{nn}-m_{nn}\omega^2)A_n=0\end{array}\right\} \tag{4.52}$$

これより，$A_1, A_2, \cdots, A_n$ がすべて 0 でないためには，式 (4.52) の係数行列式が 0 でなければならない．すなわち

$$\begin{vmatrix} k_{11}-m_{11}\omega^2 & k_{12}-m_{12}\omega^2 & \cdots & k_{1n}-m_{1n}\omega^2 \\ k_{21}-m_{21}\omega^2 & k_{22}-m_{22}\omega^2 & \cdots & k_{2n}-m_{2n}\omega^2 \\ \vdots & \vdots & & \vdots \\ k_{n1}-m_{n1}\omega^2 & k_{n2}-m_{n2}\omega^2 & \cdots & k_{nn}-m_{nn}\omega^2 \end{vmatrix} = 0 \tag{4.53}$$

式 (4.53) を**振動数方程式**，または**特性行列式**という．式 (4.53) は ω^2 に関する n 次の代数方程式であるので，これより n 個の正の実根が得られる．この n 個の実根を小さい順に $\omega_1^2, \omega_2^2, \cdots, \omega_n^2$ とおくと，$\omega_1, \omega_2, \cdots, \omega_n$ が系の固有円振動数であり，小さい順に 1 次，2 次，$\cdots$，n 次の固有円振動数という．いま r 次の固有円振動数 $\omega_r (r=1,2,\cdots,n)$ の振動を r 次の**基準振動**という．この ω_r を式 (4.51) または式 (4.52) に代入すると，各 ω_r に対応して振幅比 $A_1^{(r)}, A_2^{(r)}, \cdots, A_n^{(r)}$ が決まる．したがって

$$q_i = \sum_{r=1}^{n}(A_i^{(r)}\sin\omega_r t + B_i^{(r)}\cos\omega_r t) \tag{4.54}$$

ただし

$$\frac{B_1^{(r)}}{A_1^{(r)}} = \frac{B_2^{(r)}}{A_2^{(r)}} = \cdots = \frac{B_n^{(r)}}{A_n^{(r)}} = \alpha_r \tag{4.55}$$

ここで，α_r は任意定数である．式 (4.54) を変形すると

$$q_i = \sum_{r=1}^{n}(A_i^{(r)2} + B_i^{(r)2})^{\frac{1}{2}}\sin(\omega_r t - \phi_i^{(r)}) \tag{4.56}$$

4.3 線形振動の解法

ただし

$$\phi_i{}^{(r)} = \tan^{-1}\frac{-B_i{}^{(r)}}{A_i{}^{(r)}} = \phi_r \tag{4.57}$$

したがって，式 (4.54) は

$$q_i = \sum_{r=1}^{n} C_r A_i{}^{(r)} \sin(\omega_r t - \phi_r) \tag{4.58}$$

ここで，C_r は任意定数である．したがって，系は同一固有円振動数 ω_r，同一位相 ϕ_r の調和振動の和として表されることがわかる．各基準振動には C_r と ϕ_r の2個の任意定数

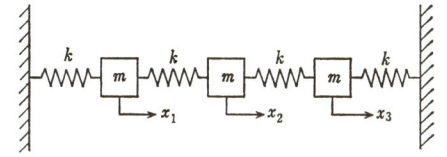

図 4.7 3自由度のばね-質点系

があり，n 自由度の系では $2n$ 個の任意定数になる．これらは n 個の一般座標における $2n$ 個の初期条件（各変位と速度）によって定まる．

〔**例題 4.6**〕 図 4.7 に示すように，3つの等しい質量 m と4つの等しいばね k からなる3自由度系の，固有円振動数と固有モードを求めよ．

〔**解**〕 この系の運動方程式は

$$m\ddot{x}_1 + kx_1 + k(x_1 - x_2) = 0$$
$$m\ddot{x}_2 + k(x_2 - x_1) + k(x_2 - x_3) = 0$$
$$m\ddot{x}_3 + k(x_3 - x_2) + kx_3 = 0$$

これを書きかえると

$$m\ddot{x}_1 + 2kx_1 - kx_2 = 0$$
$$m\ddot{x}_2 - kx_1 + 2kx_2 - kx_3 = 0$$
$$m\ddot{x}_3 - kx_2 + 2kx_3 = 0$$

$x_i = A_i \sin \omega t$ としてこれを式 (4.52) で表示すると

$$(2k - m\omega^2)A_1 - kA_2 = 0$$
$$-kA_1 + (2k - m\omega^2)A_2 - kA_3 = 0$$
$$-kA_2 + (2k - m\omega^2)A_3 = 0$$

となり，式 (4.53) を用いて A_1, A_2, A_3 を消去すると，振動数方程式は

$$\begin{vmatrix} 2k - m\omega^2 & -k & 0 \\ -k & 2k - m\omega^2 & -k \\ 0 & -k & 2k - m\omega^2 \end{vmatrix} = 0$$

$m\omega^2/k = f$ とおくと

$$\begin{vmatrix} 2-f & -1 & 0 \\ -1 & 2-f & -1 \\ 0 & -1 & 2-f \end{vmatrix} = 0$$

となる．上式を展開すれば

$$(f-2)^3 - 2(f-2) = (f-2)(f^2 - 4f + 2)$$
$$= (f-2)(f-2+\sqrt{2})(f-2-\sqrt{2}) = 0$$

したがって，f の根は

$$f_1 = 2 - \sqrt{2} = 0.586, \quad f_2 = 2, \quad f_3 = 2 + \sqrt{2} = 3.414$$

系の固有円振動数は

$$\omega_1 = 0.765\sqrt{\frac{k}{m}}, \quad \omega_2 = 1.414\sqrt{\frac{k}{m}}, \quad \omega_3 = 1.848\sqrt{\frac{k}{m}}$$

いま，$A_1 = 1$ とおけば

$$A_1^{(r)} = 1, \quad A_2^{(r)} = 2-f, \quad A_3^{(r)} = (2-f)^2 - 1$$

となるから

$$A_1^{(1)} = 1, \quad A_2^{(1)} = \sqrt{2} = 1.414, \quad A_3^{(1)} = 1$$
$$A_1^{(2)} = 1, \quad A_2^{(2)} = 0, \quad A_3^{(2)} = -1$$
$$A_1^{(3)} = 1, \quad A_2^{(3)} = -\sqrt{2} = -1.414, \quad A_3^{(3)} = 1$$

したがって，一般解は

$$x_1 = a \sin(\omega_1 t - \phi_1) + b \sin(\omega_2 t - \phi_2) + c \sin(\omega_3 t - \phi_3)$$
$$x_2 = \sqrt{2}\, a \sin(\omega_1 t - \phi_1) - \sqrt{2}\, c \sin(\omega_3 t - \phi_3)$$
$$x_3 = a \sin(\omega_1 t - \phi_1) - b \sin(\omega_2 t - \phi_2) + c \sin(\omega_3 t - \phi_3)$$

ここで，$a, b, c, \phi_1, \phi_2, \phi_3$ の任意定数は，6つの初期条件 $x_{10}, x_{20}, x_{30}, \dot{x}_{10}, \dot{x}_{20}, \dot{x}_{30}$ より決定される．また，3つの振動モードを示すと，図4.8のようになる．図4.8ではx方向の縦振動変位をわかりやすくy方向に示している．図4.7の振動系の対称性が，図4.8の振動モードに示されていることがわかる．

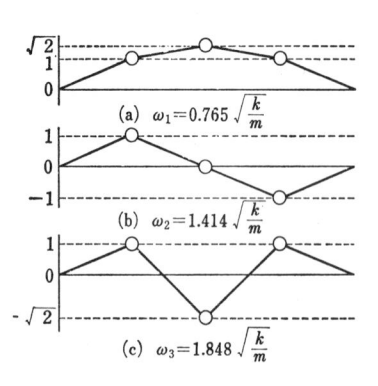

図 4.8 図4.7の振動系の振動モード

c. 基準振動の直交性

運動方程式 (4.52) は，$\sum$ の記号を用い

4.3 線形振動の解法

ると

$$\left.\begin{array}{c}\sum_{j=1}^{n} k_{1j}A_j = \omega^2 \sum_{j=1}^{n} m_{1j}A_j \\ \vdots \\ \sum_{j=1}^{n} k_{nj}A_j = \omega^2 \sum_{j=1}^{n} m_{nj}A_j\end{array}\right\} \quad (4.59)$$

いま，r 次および s 次 ($r \neq s$) の基準振動を考えると，上式より次式を得る．

$$\sum_{j=1}^{n} k_{ij}A_j^{(r)} = \omega_r^2 \sum_{j=1}^{n} m_{ij}A_j^{(r)} \quad (4.60)$$

$$\sum_{j=1}^{n} k_{ij}A_j^{(s)} = \omega_s^2 \sum_{j=1}^{n} m_{ij}A_j^{(s)} \quad (4.61)$$

式 (4.60) の両辺に $A_i^{(s)}$ を，式 (4.61) の両辺に $A_i^{(r)}$ をかけて，それぞれ $i=1$ から n までの総和をとると

$$\sum_{j=1}^{n}\sum_{i=1}^{n} k_{ij}A_i^{(s)}A_j^{(r)} = \omega_r^2 \sum_{j=1}^{n}\sum_{i=1}^{n} m_{ij}A_i^{(s)}A_j^{(r)} \quad (4.62)$$

$$\sum_{j=1}^{n}\sum_{i=1}^{n} k_{ij}A_i^{(r)}A_j^{(s)} = \omega_s^2 \sum_{j=1}^{n}\sum_{i=1}^{n} m_{ij}A_i^{(r)}A_j^{(s)} \quad (4.63)$$

式 (4.36)，式 (4.38) より，$k_{ij} = k_{ji}$，$m_{ij} = m_{ji}$ であるので，式 (4.62) と式 (4.63) の左辺は等しいから，式 (4.62) と式 (4.63) の差をとって

$$(\omega_r^2 - \omega_s^2) \sum_{i=1}^{n}\sum_{j=1}^{n} m_{ij}A_i^{(r)}A_j^{(s)} = 0 \quad (4.64)$$

$\omega_r \neq \omega_s$ であるとすれば

$$\sum_{i=1}^{n}\sum_{j=1}^{n} m_{ij}A_i^{(r)}A_j^{(s)} = 0 \quad (4.65)$$

式 (4.62)，式 (4.63) を次のように書きかえると

$$\frac{1}{\omega_r^2} \sum_{j=1}^{n}\sum_{i=1}^{n} k_{ij}A_i^{(s)}A_j^{(r)} = \sum_{j=1}^{n}\sum_{i=1}^{n} m_{ij}A_i^{(s)}A_j^{(r)} \quad (4.66)$$

$$\frac{1}{\omega_s^2} \sum_{j=1}^{n}\sum_{i=1}^{n} k_{ij}A_i^{(r)}A_j^{(s)} = \sum_{j=1}^{n}\sum_{i=1}^{n} m_{ij}A_i^{(r)}A_j^{(s)} \quad (4.67)$$

式 (4.66) と式 (4.67) の差をとって

$$\left(\frac{1}{\omega_r^2} - \frac{1}{\omega_s^2}\right) \sum_{i=1}^{n}\sum_{j=1}^{n} k_{ij}A_i^{(r)}A_j^{(s)} = 0 \quad (4.68)$$

$\omega_r \neq \omega_s$ の場合は

$$\sum_{i=1}^{n}\sum_{j=1}^{n} k_{ij}A_i^{(r)}A_j^{(s)} = 0 \quad (4.69)$$

式 (4.65) および式 (4.69) の関係を**基準振動の直交性**という．

〔**例題 4.7**〕 例題 4.6 の $A_i^{(r)}$ について，基準振動の直交性が成立することを

確かめよ．

[解] 各自で計算せよ．

d. 強制振動

ここでは取り扱いを簡単にするため，静的連成項のみの場合を考える．一般外力として，n 自由度系に $Q_i = F_i \sin \omega t$ が作用すると，ラグランジュの方程式は，

$$\frac{d}{dt}\left(\frac{\partial T}{\partial \dot{q}_r}\right) + \frac{\partial V}{\partial q_i} = F_i \sin \omega t \tag{4.70}$$

上式に運動エネルギ T とポテンシャルエネルギ V を代入すると

$$m_i \ddot{q}_i + k_{i1} q_1 + k_{i2} q_2 + \cdots + k_{in} q_n = F_i \sin \omega t \quad (i=1, 2, \cdots, n) \tag{4.71}$$

上式の解は無減衰系であるので，位相角は $0°$ または $180°$ であり，次のようにおける．

$$q_i = C_i \sin \omega t \tag{4.72}$$

式 (4.72) を式 (4.71) に代入すると

$$-m_i \omega^2 C_i + \sum_{j=1}^{n} k_{ij} C_i = F_i \tag{4.73}$$

式 (4.73) を 2 自由度の場合と同様にして，行列式を用いて C_i を求めることにすると，次のようになる．

$$C_i = \frac{D_i}{D(\omega)} \tag{4.74}$$

ただし

$$D(\omega) = \begin{vmatrix} k_{11} - m_1 \omega^2 & k_{12} & \cdots & k_{1n} \\ k_{21} & k_{22} - m_2 \omega^2 & \cdots & k_{2n} \\ \vdots & \vdots & & \vdots \\ k_{n1} & k_{n2} & \cdots & k_{nn} - m_n \omega^2 \end{vmatrix}$$

D_i は $D(\omega)$ の i 列目を F_i でおきかえた行列式で，D_1 は

$$D_1 = \begin{vmatrix} F_1 & k_{12} & \cdots & k_{1n} \\ F_2 & k_{22} - m_2 \omega^2 & \cdots & k_{2n} \\ \vdots & \vdots & & \vdots \\ F_n & k_{n2} & \cdots & k_{nn} - m_n \omega^2 \end{vmatrix}$$

ここでは，強制振動と基準振動様式との関係を考えよう．いま，r 次の基準振動に対する強制振動の定常振幅 $C_i{}^{(r)}$ を考え

$$C_i = C_i{}^{(1)} + C_i{}^{(2)} + \cdots + C_i{}^{(n)} = \sum_{r=1}^{n} C_i{}^{(r)}$$

4.3 線形振動の解法

とすれば，式 (4.72) は次のように書ける.

$$q_i = \sum_{r=1}^{n} C_i^{(r)} \sin \omega t \tag{4.75}$$

式 (4.75) を式 (4.71) に代入すると

$$-m_i \omega^2 \sum_{r=1}^{n} C_i^{(r)} + k_{i1} \sum_{r=1}^{n} C_1^{(r)} + k_{i2} \sum_{r=1}^{n} C_2^{(r)} + \cdots = F_i \tag{4.76}$$

または

$$-m_i \omega^2 \sum_{r=1}^{n} C_i^{(r)} + \sum_{j=1}^{n} k_{ij} \sum_{r=1}^{n} C_j^{(r)} = F_i \tag{4.77}$$

$C_i^{(r)}$ と自由振動の r 次の基準振動の振動振幅比 $A_i^{(r)}$ とを関連づけるため，新しい係数 $a^{(r)}$ を導入して次のようにおく.

$$C_i^{(r)} = a^{(r)} A_i^{(r)} \tag{4.78}$$

式 (4.78) を式 (4.77) に代入すると，左辺の第 2 項は

$$\sum_{j=1}^{n} k_{ij} \sum_{r=1}^{n} C_j^{(r)} = \sum_{j=1}^{n} k_{ij} \sum_{r=1}^{n} a^{(r)} A_j^{(r)}$$
$$= \sum_{j=1}^{n} k_{ij} (a^{(1)} A_j^{(1)} + a^{(2)} A_j^{(2)} + \cdots)$$
$$= a^{(1)} \sum_{j=1}^{n} k_{ij} A_j^{(1)} + a^{(2)} \sum_{j=1}^{n} k_{ij} A_j^{(2)} + \cdots$$
$$= \sum_{r=1}^{n} a^{(r)} \sum_{j=1}^{n} k_{ij} A_j^{(r)}$$

上式に $\sum_{j=1}^{n} k_{ij} A_j^{(r)} = m_i \omega_r^2 A_i^{(r)}$ の関係を用い，式 (4.77) を表すと

$$-m_i \omega^2 \sum_{r=1}^{n} a^{(r)} A_i^{(r)} + \sum_{r=1}^{n} a^{(r)} m_i \omega_r^2 A_i^{(r)} = F_i$$

$$\sum_{r=1}^{n} a^{(r)} m_i A_i^{(r)} (\omega_r^2 - \omega^2) = F_i \tag{4.79}$$

1 自由度系に式 (4.79) を適用すると

$$am(\omega_r^2 - \omega^2) = F$$
$$a = \frac{F/m}{\omega_r^2 - \omega^2} = \frac{F/m\omega_r^2}{1-(\omega/\omega_r)^2} = \frac{F/k}{1-(\omega/\omega_r)^2}$$

となり，無減衰 1 自由度系の強制振動の振幅と一致する.

多自由度系の場合では，振幅 $a^{(r)}$ が式 (4.79) に示されるように，級数の係数となっているので，$a^{(r)}$ を表示しにくい．したがって，任意の外力を新たに F_j で表し，外力 F_j と A_j を関連づけ，次のようにおく.

$$F_j = \sum_{r=1}^{n} f^{(r)} m_j A_j^{(r)} \tag{4.80}$$

さらに式 (4.80) を展開して書くと
$$F_j = f^{(1)} m_j A_j^{(1)} + f^{(2)} m_j A_j^{(2)} + \cdots \quad (j=1,2,\cdots,n)$$
上式の両辺に $A_j^{(r)}$ をかけて, n 個の方程式についての和をとると
$$\sum_{j=1}^{n} F_j A_j^{(r)} = f^{(r)} \sum_{j=1}^{n} m_j [A_j^{(r)}]^2 + \sum_{s=1}^{n-1} \sum_{j=1}^{n} f^{(s)} m_j A_j^{(r)} A_j^{(s)}$$
基準振動の直交条件から
$$\sum_{j=1}^{n} m_j A_j^{(r)} A_j^{(s)} = 0$$
したがって
$$f^{(r)} = \frac{\sum_{j=1}^{n} F_j A_j^{(r)}}{\sum_{j=1}^{n} m_j [A_j^{(r)}]^2} \tag{4.81}$$
式 (4.79) に式 (4.80) と式 (4.81) を代入すると
$$\sum_{r=1}^{n} a^{(r)} m_i A_i^{(r)} (\omega_r^2 - \omega^2) = \sum_{r=1}^{n} f^{(r)} m_i A_i^{(r)}$$
したがって
$$a^{(r)} = \frac{f^{(r)}}{\omega_r^2 - \omega^2} = \frac{1}{\omega_r^2 - \omega^2} \frac{\sum_{j=1}^{n} F_j A_j^{(r)}}{\sum_{j=1}^{n} m_j [A_j^{(r)}]^2} \tag{4.82}$$
となる. 式 (4.75) に式 (4.78) と式 (4.82) を代入すると
$$q_i = \sum_{r=1}^{n} \frac{\sum_{j=1}^{n} F_j A_j^{(r)}}{\sum_{j=1}^{n} m_j [A_j^{(r)}]^2} \frac{A_i^{(r)}}{(\omega_r^2 - \omega^2)} \sin \omega t \tag{4.83}$$
上式が強制振動の解である.

〔例題 4.8〕 図 4.9 に示す 3 自由度のばね-質点系の左端の質点に加振力 $F \sin \omega t$ が作用すると左端の質点はどのような強制振動となるかを計算せよ.

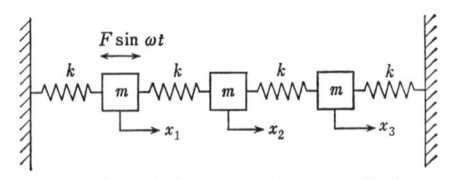

図 4.9 3自由度のばね-質点系の強制振動

〔解〕 例題 4.6 より振動様式 $A_j^{(r)}$ は

$$A_1^{(1)} = 1, \quad A_2^{(1)} = \sqrt{2} = 1.414, \quad A_3^{(1)} = 1$$
$$A_1^{(2)} = 1, \quad A_2^{(2)} = 0, \quad A_3^{(2)} = -1$$
$$A_1^{(3)} = 1, \quad A_2^{(3)} = -\sqrt{2} = -1.414, \quad A_3^{(3)} = 1$$

式 (4.83) から

$$x_1 = \sum_{r=1}^{3} \frac{\sum_{j=1}^{3} F_j A_j^{(r)}}{\sum_{j=1}^{3} m_j [A_j^{(r)}]^2} \frac{A_1^{(r)}}{\omega_r^2 - \omega^2} \sin \omega t$$

$F_2 = F_3 = 0$, $F_1 = F$ から

$$x_1 = \frac{F}{m} \left\{ \frac{A_1^{(1)} A_1^{(1)}}{([A_1^{(1)}]^2 + [A_2^{(1)}]^2 + [A_3^{(1)}]^2)(\omega_1^2 - \omega^2)} \right.$$
$$+ \frac{A_1^{(2)} A_1^{(2)}}{([A_1^{(2)}]^2 + [A_2^{(2)}]^2 + [A_3^{(2)}]^2)(\omega_2^2 - \omega^2)}$$
$$\left. + \frac{A_1^{(3)} A_1^{(3)}}{([A_1^{(3)}]^2 + [A_2^{(3)}]^2 + [A_3^{(3)}]^2)(\omega_3^2 - \omega^2)} \right\} \sin \omega t$$

上式に $A_1^{(1)}, \cdots$ を代入すると

$$x_1 = \frac{F}{m} \left\{ \frac{1}{4(\omega_1^2 - \omega^2)} + \frac{1}{2(\omega_2^2 - \omega^2)} + \frac{1}{4(\omega_3^2 - \omega^2)} \right\} \sin \omega t$$

x_2, x_3 は各自で計算してみよ．

問 題

1. 図 4.10 のように，質量 m，長さ l の倒立振子が質量 M の台車上にあり，この台車に力 F を作用させて倒立振子を制御するものとする．ラグランジュの方程式を用いて，この振動系の運動方程式を導け．

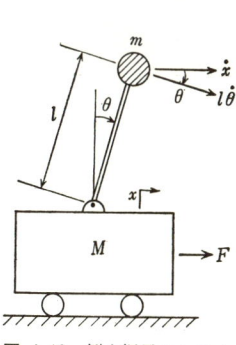

図 4.10 倒立振子システム

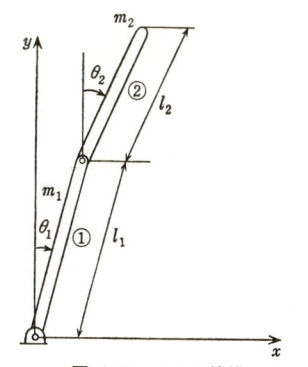

図 4.11 リンク機構

2. 図 4.11 のように，断面が均一で，質量と長さが，それぞれ m_1, l_1 であるリンク 1 と m_2, l_2 であるリンク 2 からなる機構がある．この機構の運動方程式をラグランジュの方程式を用いて導け．

3. 図 4.12 のような遊星歯車装置の入力軸（太陽歯車軸 S）の慣性モーメント I を求めよ．ただし歯車 S, P の質量をそれぞれ m_S, m_P，歯車 S の中心に対する腕 C の慣性モーメント

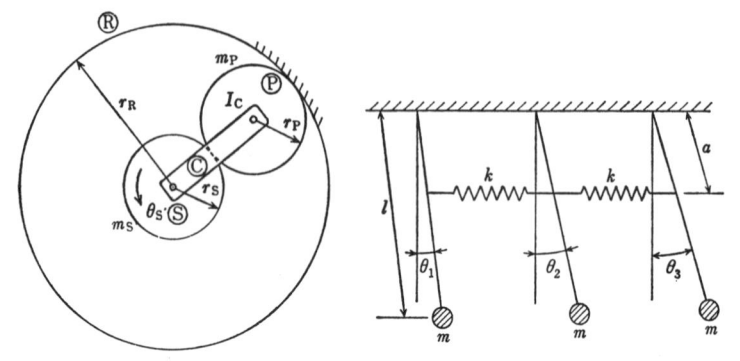

図 4.12 遊星歯車装置

図 4.13 ばねで連結されている振子

を I_C とし，歯車 S，P，R のピッチ円半径を，それぞれ r_S, r_P, r_R とする．なお，各要素は水平面内で動くものとする．

4. 図 4.13 のように，長さ l，質量 m の 3 個の振子があり，固定端から a の位置でそれぞれ隣同士の振子とばね k で連結されている．運動方程式を導き，微小振動をするものとして，固有円振動数と振動モードを求めよ．

5. 図 4.14 のようなねじり振動系において，右端の円板に強制トルク $T\cos\omega t$ が作用する場合のねじれ角 θ_1 を求めよ．

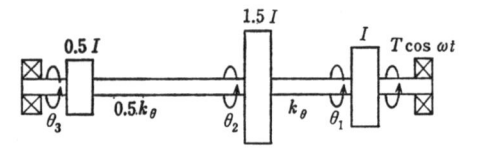

図 4.14 3 個の円板をもつねじり軸

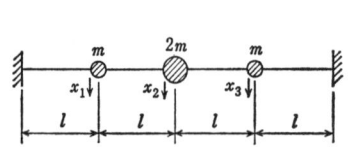

図 4.15 3 個の質点をもつ弦

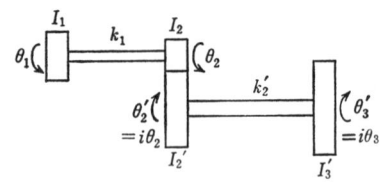

図 4.16 歯車減速機を含むねじり軸系

6. 図 4.15 のような振動系の固有円振動数を求めよ．

7. 図 4.16 のような歯車減速機を含むねじり軸系を等価ねじり振動系におきかえよ．

5 連続体の振動

5.1 連 続 体

　質量が連続的に分布している系を**連続体**という．連続体は無数の微小な質点が，物質の弾性によってつながっていると考えられ，無限自由度の系ということができる．

　実際の構造物は，ほとんどが複雑な形状の連続体であり，振動を厳密に解析するのは一般的には困難である．このような場合は，連続体を，いくつかの部分質量に分割し，多自由度系として近似的に取り扱わなければならない．

　一方，簡単な形状の連続体は解析的に解を得ることができる．ここでは**弦**や**棒**，**はり**のような1次元的な広がりをもつ簡単な連続体の振動を調べる．

5.2 弦および棒の運動方程式

a．弦の横振動

　図5.1のように長さ l，線密度（単位長さ当たりの質量）ρ の弦が，張力 T で張られているときの振動を考える．弦の方向を x 座標とし，それに垂直な方向の弦の変位を $y(x, t)$ とする．弦には曲げに対する抵抗はなく，断面に作用するのは，場所によらず一定の張力 T のみである．弦の微小長さ dx の部分につ

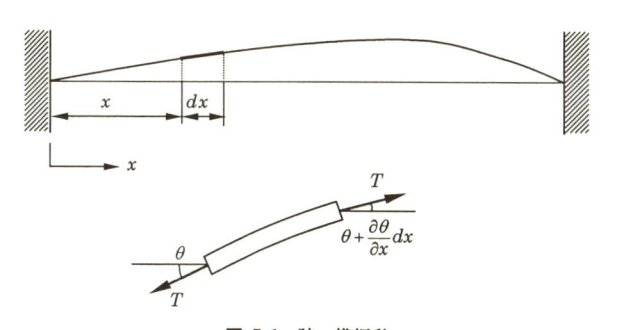

図 5.1　弦の横振動

いて運動方程式を立てると，

$$\rho dx \frac{\partial^2 y}{\partial t^2} = T \sin\left(\theta + \frac{\partial \theta}{\partial x} dx\right) - T \sin \theta \qquad (5.1)$$

となる．θ は弦の傾き角であるが，θ が微小であれば，

$$\theta \simeq \sin \theta \simeq \tan \theta = \frac{\partial y}{\partial x}$$

としてよいから，これを式 (5.1) に用いて整理すれば，弦の**横振動**の運動方程式を得る．

$$\frac{\partial^2 y}{\partial t^2} = c^2 \frac{\partial^2 y}{\partial x^2}, \quad \text{ただし} \quad c^2 = \sqrt{\frac{T}{\rho}} \qquad (5.2)$$

b. 棒の縦振動

図 5.2 のような断面が一様な細い棒において，縦弾性係数を E，断面積を A，密度を ρ とする．棒の軸方向に x 軸をとり，断面の軸方向の変位を $u(x, t)$ とすると，軸方向応力 $\sigma(x, t)$ は，軸方向ひずみ $\varepsilon(x, t) = \partial u/\partial x$ により，

$$\sigma = E\varepsilon = E \frac{\partial u}{\partial x} \qquad (5.3)$$

と表される．長さ dx の微小要素の運動方程式を立てると，

$$\rho A \frac{\partial^2 u}{\partial t^2} dx = A \left(\sigma + \frac{\partial \sigma}{\partial x} dx\right) - A\sigma \qquad (5.4)$$

となる．式 (5.3) を用いて整理すれば，棒の**縦振動**の運動方程式を得る．

$$\frac{\partial^2 u}{\partial t^2} = c^2 \frac{\partial^2 u}{\partial x^2}, \quad \text{ただし} \quad c^2 = \sqrt{\frac{E}{\rho}} \qquad (5.5)$$

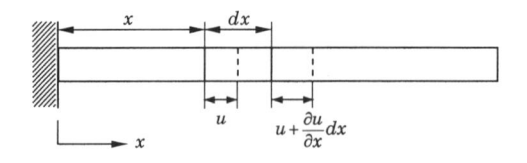

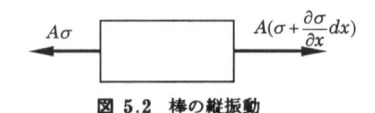

図 5.2 棒の縦振動

c. 棒のねじり振動

図 5.3 の棒において，横弾性係数を G，断面の極慣性モーメントを I_p，密度を ρ とする．棒の軸方向に x 軸をとり，断面の軸回りのねじり角を $\theta(x, t)$ とすると，断面に働くねじりモーメント $T(x, t)$ は，単位長さ当たりのねじり角 $\partial\theta/\partial x$ およびねじり剛性 GI_p に比例し，

$$T = GI_p \frac{\partial \theta}{\partial x} \tag{5.6}$$

となる．長さ dx の微小要素の慣性モーメントは，$\rho I_p dx$ であるから，微小要素の回転の運動方程式は，

$$\rho I_p \frac{\partial^2 \theta}{\partial t^2} dx = \left(T + \frac{\partial T}{\partial x} dx \right) - T \tag{5.7}$$

となる．式 (5.6) を用いて整理すれば，棒の**ねじり振動**の運動方程式を得る．

$$\frac{\partial^2 \theta}{\partial t^2} = c^2 \frac{\partial^2 \theta}{\partial x^2}, \quad \text{ただし} \quad c^2 = \sqrt{\frac{G}{\rho}} \tag{5.8}$$

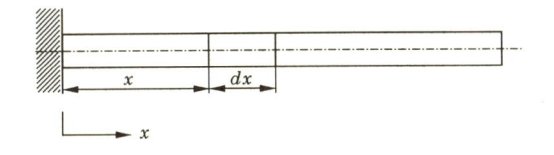

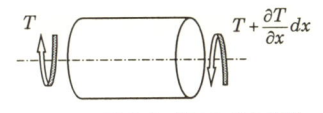

図 5.3 棒のねじり振動

d. 波動方程式

弦の横振動の方程式 (5.2)，棒の縦振動の方程式 (5.5)，棒のねじり振動の方程式 (5.8) を見ると，まったく同形の偏微分方程式

$$\frac{\partial^2 \phi(x, t)}{\partial t^2} = c^2 \frac{\partial^2 \phi(x, t)}{\partial x^2} \tag{5.9}$$

となっていることがわかる．ϕ は弦の横振動では y，棒の縦振動では u，棒のねじり振動では θ に相当する．

式 (5.9) の一般解は，f, g を任意の関数として，

$$\phi(x, t) = f(x - ct) + g(x + ct) \tag{5.10}$$

図 5.4 波動の伝ば

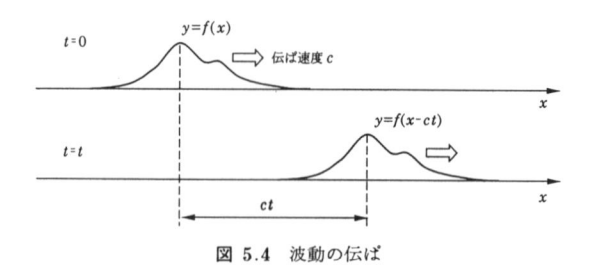

のようになることが知られている．これは，式 (5.10) を式 (5.9) に代入すれば容易に確かめることができる．

式 (5.10) の意味を考えよう．図 5.4 において，x 軸の正方向に速度 c で伝ばする波動を考え，その波形が時刻 $t=0$ の瞬間において，$f(x)$ となっていたものとする．時刻 t においては，この波は x 軸の正方向に ct だけ移動しているはずであるから，$f(x-ct)$ となる．したがって，式 (5.10) の右辺第 1 項は，x 軸の正方向に伝ばする波動を表していることがわかる．同様に $g(x+ct)$ は，x 軸の負方向に速度 c で伝ばする波動を表している．

偏微分方程式 (5.9) は**波動方程式**と呼ばれ，ϕ が波形を変えないで，伝ばしていく波動であることを意味している．また，c は波の伝ばする速度を示している．なお，式 (5.10) は解の形式を述べているだけであって，f, g の具体的な関数形はわかってはいない．これを決めるには，次節で述べるように，**境界条件**と**初期条件**を用いなければならない．

5.3 弦および棒の振動

a. 変 数 分 離

弦の横振動を例にとり，与えられた境界条件と初期条件の下で，偏微分方程式 (5.2) を解く方法を述べる．なお，以下では，場合に応じて $\partial f(x, t)/\partial x = f'(x, t)$, $\partial f(x, t)/\partial t = \dot{f}(x, t)$ と略記するものとする．

まず解 $y(x, t)$ を，x の関数と $X(x)$ の関数 $T(t)$ の積と仮定し，

$$y(x, t) = X(x)T(t) \qquad (5.11)$$

とする．式 (5.11) を式 (5.2) に代入すれば，

$$\frac{c^2}{X(x)}\frac{d^2X(x)}{dx^2}=\frac{1}{T(t)}\frac{d^2T(t)}{dt^2} \qquad (5.12)$$

が得られ，左辺は x のみの関数，右辺は t のみの関数となる．x と t に関係なく等号が成立するためには，両辺が定数でなければならない．その定数を $-\omega^2$ とおくと，次の 2 つの常微分方程式に分離される．

$$\frac{d^2X(x)}{dx^2}+\left(\frac{\omega}{c}\right)^2 X(x)=0 \qquad (5.13)$$

$$\frac{d^2T(t)}{dt^2}+\omega^2 T(t)=0 \qquad (5.14)$$

すでに学んだように，これらの方程式の一般解は次式で与えられる．

$$X(x)=A\cos\frac{\omega}{c}x+B\sin\frac{\omega}{c}x \qquad (5.15)$$

$$T(t)=\alpha\cos\omega t+\beta\sin\omega t \qquad (5.16)$$

式 (5.16) より，定数 ω は円振動数に相当することがわかる．

式 (5.15)，(5.16) において，未知数は任意定数 A, B, α, β, および定数 ω である．A, B および ω は境界条件から，α と β は初期条件から決定する．このような偏微分方程式の解法を**変数分離法**という．

b. 固有円振動数とモード関数

弦を一定の張力で張るために，弦の両端は常に固定されている．したがって，弦の両端，$x=0$ および $x=l$ で y が 0 であることが境界条件であり，次式のように表される．

$$y(0, t)=0, \quad y(l, t)=0 \qquad (5.17)$$

式 (5.11) に (5.17) を用いれば，$X(x)$ についての境界条件

$$X(0)=0, \quad X(l)=0 \qquad (5.18)$$

が得られる．式 (5.15) にこれを用いると，次のようになる．

$$A=0, \quad B\sin\frac{\omega}{c}l=0$$

$B=0$ とすると，式 (5.15) より $X(x)\equiv 0$，すなわち $y(x, t)\equiv 0$ となり，弦の静止を意味した解になる．このような無意味な解ではなく，意味のある振動解を求めるために，$B\neq 0$ とすれば，次式を得る．

$$\sin\frac{\omega}{c}l = 0 \tag{5.19}$$

これより $(\omega l)/c = n\pi$ $(n=1, 2, 3, \cdots)$ となり，ω には，$n=1, 2, 3, \cdots$ に対応する無限個の解

$$\omega_n = \frac{n\pi c}{l} = \frac{n\pi}{l}\sqrt{\frac{T}{\rho}} \quad (n=1, 2, 3, \cdots) \tag{5.20}$$

が存在することがわかる．この ω_n は n 次の固有円振動数であり，式 (5.19) は固有円振動数を決定するための**振動数方程式**である．

以下，ω_n に対応する諸量に添字 n をつけて表すことにすれば，$X_n(x)$ の解は，

$$X_n(x) = B_n \sin\frac{\omega_n}{c}x = B_n \sin\frac{n\pi}{l}x \tag{5.21}$$

となる．この $X_n(x)$ を，n 次の**モード関数**または**固有関数**と呼び，その形を n 次の振動モードという．$B_n = 1$ としたときの**振動モード**を図 5.5 に示す．

c. 振動の解

すべての次数の振動を合成したものも，また解となることから，一般解は次式のようになる．

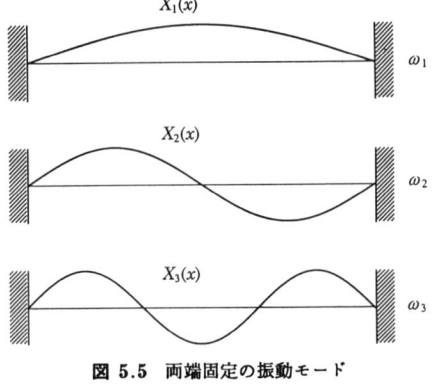

図 5.5 両端固定の振動モード

$$y(x, t) = \sum_{n=1}^{\infty}\left(\sin\frac{n\pi}{l}x\right)(a_n \cos\omega_n t + \beta_n \sin\omega_n t) \tag{5.22}$$

ただし上式において，はじめ $B_n a_n$，$B_n \beta_n$ であったものを，それぞれ a_n，β_n と書きあらためている．この a_n，β_n は初期条件から決定する．

初期条件としては，時刻 $t=0$ における，弦の全長にわたっての変位分布 $f(x)$ と速度分布 $g(x)$ を次式のように与えればよい．

$$y(x, 0) = f(x), \qquad \dot{y}(x, 0) = g(x) \tag{5.23}$$

この初期条件を式 (5.22) に用いれば，

$$f(x) = \sum_{n=1}^{\infty} a_n \sin\frac{n\pi}{l}x, \qquad g(x) = \sum_{n=1}^{\infty} \omega_n \beta_n \sin\frac{n\pi}{l}x$$

となる．これらの2式それぞれに $\sin(n\pi x/l)$ をかけ，$x=0 \to l$ で積分し，

$$\int_0^l \sin\frac{n\pi}{l}x \sin\frac{m\pi}{l}x = \begin{cases} l/2 & (n=m) \\ 0 & (n \neq m) \end{cases}$$

を利用すれば，a_n, β_n は次のように求められる．

$$\left.\begin{aligned} a_n &= \frac{2}{l}\int_0^l f(x)\sin\frac{n\pi}{l}x\,dx \quad (n=1,\ 2,\ 3,\cdots) \\ \beta_n &= \frac{2}{l\omega_n}\int_0^l g(x)\sin\frac{n\pi}{l}x\,dx \quad (n=1,\ 2,\ 3,\cdots) \end{aligned}\right\} \quad (5.24)$$

以上では弦の横振動を例にとったが，棒の縦振動やねじり振動についてもまったく同様に解くことができる．

〔**例題 5.1**〕 一端が固定，他端が自由で，長さが l の棒がある．縦振動の固有円振動数とモード関数を求めよ．

〔**解**〕 固定端を $x=0$，自由端を $x=l$ とする．境界条件は，固定端では変位が0より $u(0, t)=0$，自由端では応力が0より式 (5.3) から $u'(l, t)=0$ となる．したがって，$X(x)$ についての境界条件は，

$$X(0)=0, \quad X'(l)=0$$

となる．式 (5.15) に上式を用いれば，第1の条件より $A=0$ となり，これと第2の条件から次式が導かれる．

$$B\frac{\omega}{c}\cos\frac{\omega}{c}l = 0$$

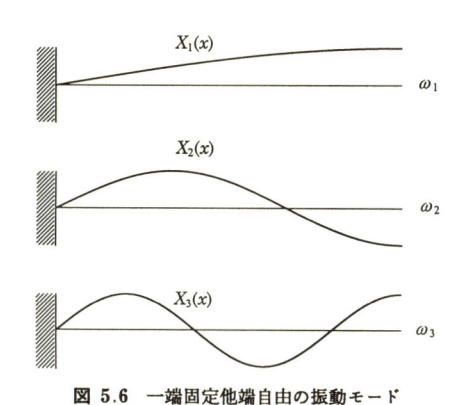

$B=0$ は無意味な解となるので，$B \neq 0$ とすれば次の振動数方程式

$$\cos\frac{\omega}{c}l = 0$$

図 5.6 一端固定他端自由の振動モード

を得る．これより $\omega l/c = (2n-1)\pi/2$, $(n=1, 2, 3,\cdots)$ となり，固有円振動数，モード関数は次のようになる．

$$\omega_n = \frac{(2n-1)\pi c}{2l} = \frac{(2n-1)\pi}{2l}\sqrt{\frac{E}{\rho}} \quad (n=1,\ 2,\ 3,\cdots)$$

$$X_n(x) = B_n \sin \frac{(2n-1)\pi}{2l} x \quad (n=1, 2, 3, \cdots)$$

〔**例題 5.2**〕 図 5.7 のように一端に慣性モーメント J の円板をもつ棒のねじり振動の固有円振動数を求めよ．

〔**解**〕 境界条件は，固定端 $x=0$ ではねじれ角が 0 であり，他端 $x=l$ では円板に関する回転の運動方程式を満足しなければならないから，

$$\theta(0, t) = 0, \quad J\ddot{\theta}(l, t) = -GI_p \theta'(l, t)$$

のようになる． θ の一般解を

$$\theta(x, t) = \{A \cos(\omega x/c) + B \sin(\omega x/c)\}(\alpha \cos \omega t + \beta \sin \omega t)$$

とおき，境界条件を適用すると，

$$A = 0, \quad B\{J\omega^2 \sin(\omega l/c) - GI_p(\omega/c)\cos(\omega l/c)\} = 0$$

を得る．いま，

$$m = \omega l/c, \quad \mu = \frac{J}{\rho I_p l} = \frac{\text{円板の慣性モーメント}}{\text{棒の慣性モーメント}}$$

とおけば， $B \neq 0$ より，振動数方程式

$$\tan m = 1/(\mu m)$$

を得る． m の解は $\tan m$ と $1/(\mu m)$ の交点として求められるが，図 5.8 のように無限個の解が存在し， $m_n (n=1, 2, 3, \cdots)$ のようになる．たとえば， $\mu=1$ とすると，小さい方から順に

$$m_1 = 0.860, \quad m_2 = 3.426, \quad m_3 = 6.437, \cdots$$

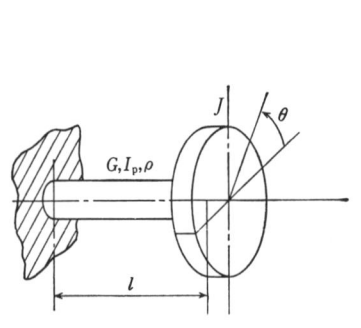

図 5.7 円板をもつ棒のねじり振動

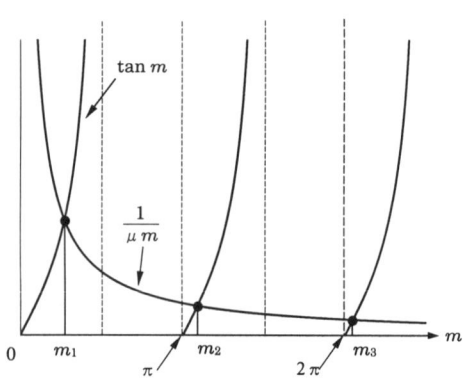

図 5.8 m の解

のような値となる．固有円振動数は，このような m_n を用いて，
$\omega_n = (m_n c)/l = (m_n/l)\sqrt{G/\rho}$ （$n=1, 2, 3, \cdots$）
となる．またモード関数は次のようになる．

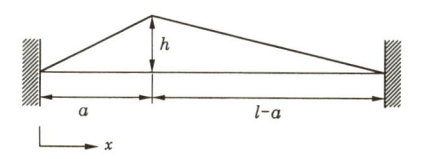

図 5.9 弦の初期変位

$$X_n(x) = B_n \sin(\omega_n x/c)$$
$$= B_n \sin(m_n x/l)$$
$$(n=1, 2, 3, \cdots)$$

〔**例題 5.3**〕 図 5.9 のように弦の 1 点 $x=a$ を h だけ持ち上げた後，時刻 $t=0$ で，急に離したときの振動を求めよ．

〔**解**〕 初期条件は，$t=0$ において，

$$y(x, 0) = f(x) = \begin{cases} h\dfrac{x}{a} & (0 \leq x \leq a), \\ h\dfrac{l-x}{l-a} & (a \leq x \leq l) \end{cases} \quad \dot{y}(x, 0) = g(x) = 0$$

である．式 (5.24) より a_n, β_n を求めると，

$$a_n = \frac{2}{l}\left(\int_0^a \frac{hx}{a}\sin\frac{n\pi x}{l}dx + \int_a^l \frac{h(l-x)}{l-a}\sin\frac{n\pi x}{l}dx\right)$$
$$= \frac{2l^2 h}{(n\pi)^2(l-a)a}\sin\frac{n\pi a}{l}$$
$$\beta_n = 0$$

となる．したがって，振動の解は次のようになる．

$$y(x, t) = \frac{2l^2 h}{(l-a)a\pi^2}\sum_{n=1}^{\infty}\frac{1}{n^2}\sin\frac{n\pi a}{l}\sin\frac{n\pi x}{l}\cos\omega_n t, \quad \omega_n = \frac{n\pi}{l}\sqrt{\frac{T}{\rho}}$$

5.4 はりの曲げ振動

a．運動方程式

図 5.10 のような断面が一様なはりを考え，縦弾性係数を E，断面積を A，断面 2 次モーメントを I，密度を ρ とする．はりの長手方向に x 座標をとり，x 軸に垂直なはりの変位を $y(x, t)$ とする．はりには，単位長さ当たり $q(x, t)$ の

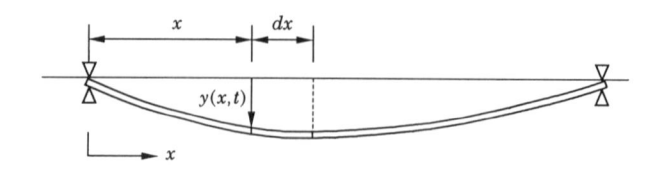

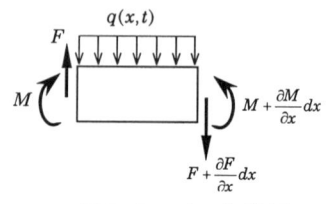

図 5.10 はりの曲げ振動

分布外力が働いているものとする.

断面に作用する曲げモーメントを $M(x, t)$, せん断力を $F(x, t)$ とすると, 材料力学の関係式より, 次式が成り立つ.

$$M = -EI\frac{\partial^2 y}{\partial x^2}, \quad F = \frac{\partial M}{\partial x} = -EI\frac{\partial^3 y}{\partial x^3} \tag{5.25}$$

長さ dx の微小要素の運動方程式を立てると,

$$\rho A \frac{\partial^2 y}{\partial t^2} dx = \left(F + \frac{\partial F}{\partial x} dx\right) - F + q(x, t) dx \tag{5.26}$$

となる. 式 (5.25) を用いて整理すれば, はりの**曲げ振動**の運動方程式として次式を得る.

$$\rho A \frac{\partial^2 y}{\partial t^2} + EI\frac{\partial^4 y}{\partial x^4} = q(x, t) \tag{5.27}$$

b. 自 由 振 動

自由振動のときは分布外力がなく $q(x, t) = 0$ であるから, 式 (5.27) の右辺を 0 とすれば,

$$\frac{\partial^2 y}{\partial t^2} + c^4 \frac{\partial^4 y}{\partial x^4} = 0, \quad c^4 = \frac{EI}{\rho A} \tag{5.28}$$

となる. 変数分離法を用いるために,

$$y(x, t) = X(x) T(t) \tag{5.29}$$

とおいて, 式 (5.28) に代入すれば,

$$-\frac{c^4}{X(x)}\frac{d^4X(x)}{dx^4}=\frac{1}{T(t)}\frac{d^2T(t)}{dt^2}=-\omega^2 \quad (\text{定数}) \qquad (5.30)$$

となる．これより，次の2つの常微分方程式を得る．

$$\frac{d^4X(x)}{dx^4}-k^4X(x)=0, \quad k^4=\frac{\omega^2}{c^4} \qquad (5.31)$$

$$\frac{d^2T(t)}{dt^2}+\omega^2T(t)=0 \qquad (5.32)$$

これらの常微分方程式の一般解は次のようになる．

$$X(x)=C_1\cos kx+C_2\sin kx+C_3\cosh kx+C_4\sinh kx \qquad (5.33)$$
$$T(t)=\alpha\cos\omega t+\beta\sin\omega t \qquad (5.34)$$

C_1, C_2, C_3, C_4 および α, β は任意定数である．C_1, C_2, C_3, C_4 および k, ω は境界条件から，α, β は初期条件からそれぞれ決定される．なお後の境界条件を適用するために，式 (5.33) の3回微分までを次のように求めておく．

$$\left.\begin{array}{l} X'(x)=k(-C_1\sin kx+C_2\cos kx+C_3\sinh kx+C_4\cosh kx) \\ X''(x)=k^2(-C_1\cos kx-C_2\sin kx+C_3\cosh kx+C_4\sinh kx) \\ X'''(x)=k^3(C_1\sin kx-C_2\cos kx+C_3\sinh kx+C_4\cosh kx) \end{array}\right\} \qquad (5.35)$$

c．境界条件と振動数方程式

境界条件は，はりの支持状態を表すものであり，普通は図5.11に示すような，(a) 単純支持，(b) 固定，(c) 自由の3種類である．

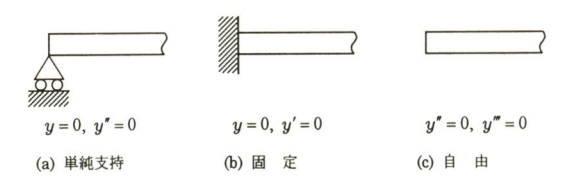

(a) 単純支持 $y=0, y''=0$
(b) 固定 $y=0, y'=0$
(c) 自由 $y''=0, y'''=0$

図 5.11 はりの境界条件

(a) 単純支持：変位と曲げモーメントが0であり，$y=y''=0$
(b) 固定：変位と変位勾配が0であり，$y=y'=0$
(c) 自由：曲げモーメントとせん断力が0であり，$y''=y'''=0$

（1）両端単純支持はり　両端が単純支持された長さ l のはりの，固有円振動数，モード関数を求めよう．境界条件 (a) と式 (5.29) より，$X(x)$ に対

する境界条件は，

$$x=0 \text{ において}, \quad X(0)=X''(0)=0 \tag{5.36}$$
$$x=l \text{ において}, \quad X(l)=X''(l)=0 \tag{5.37}$$

となる．式 (5.36) を，式 (5.33) と式 (5.35) の第 2 式に用いれば，

$$C_1+C_3=0, \quad -C_1+C_3=0, \quad \text{したがって} \quad C_1=C_3=0$$

となる．この結果と式 (5.37) より，

$$\left.\begin{array}{c} C_2 \sin kl + C_4 \sinh kl = 0 \\ -C_2 \sin kl + C_4 \sinh kl = 0 \end{array}\right\}$$

を得る．$C_2=C_4=0$ とすると，$X(x)\equiv 0$ となって無意味な解となるから，$C_2=C_4=0$ とならないための条件より，

$$\begin{vmatrix} \sin kl & \sinh kl \\ -\sin kl & \sinh kl \end{vmatrix} = 2 \sin kl \sinh kl = 0 \tag{5.38}$$

を得る．したがって，$\sinh kl=0$，あるいは $\sin kl=0$ となる．もし，$\sinh kl=0$ とすると $k=0$ となり，やはり $X(x)\equiv 0$ となってしまい，無意味な解となるから，$\sinh kl=0$ は不適切である．したがって，

$$\sin kl = 0 \tag{5.39}$$

のみが有意であり，これが両端単純支持はりの振動数方程式となる．式(5.39) より，$kl=n\pi$ ($n=1, 2, 3, \cdots$)，すなわち，

$$k_n = \frac{n\pi}{l} \quad (n=1, 2, 3, \cdots) \tag{5.40}$$

を得る．したがって，固有円振動数は，

$$\omega_n = c^2 k_n{}^2 = \left(\frac{n\pi}{l}\right)^2 \sqrt{\frac{EI}{\rho A}} \quad (n=1, 2, 3, \cdots) \tag{5.41}$$

となる．モード関数は次のようになり，その形は図 5.5 と同様である．

$$X_n(x) = C_{2n} \sin k_n x = C_{2n} \sin \frac{n\pi}{l} x \quad (n=1, 2, 3, \cdots) \tag{5.42}$$

（2）**片持ちはり** 一端固定，他端自由のはりを**片持ちはり**という．$X(x)$ に対する境界条件は，

$$x=0 \text{ において}, \quad X(0)=X'(0)=0 \tag{5.43}$$
$$x=l \text{ において}, \quad X''(l)=X'''(l)=0 \tag{5.44}$$

となる．式 (5.43) を式 (5.33)，(5.35) の第 1 式に用いれば，
$$C_1+C_3=0, \quad C_2+C_4=0, \quad \text{したがって} \quad C_3=-C_1, \quad C_4=-C_2$$
となる．この結果と式 (5.44) より，
$$\left.\begin{array}{l} C_1(\cos kl+\cosh kl)+C_2(\sin kl+\sinh kl)=0 \\ C_1(\sin kl-\sinh kl)-C_2(\cos kl+\cosh kl)=0 \end{array}\right\}$$
を得る．$X(x)$ が無意味な解とならないためには，
$$\begin{vmatrix} \cos kl+\cosh kl & \sin kl+\sinh kl \\ \sin kl-\sinh kl & -\cos kl-\cosh kl \end{vmatrix}=0 \tag{5.45}$$
でなければならない．これより $m=kl$ とおいて，
$$\cos m \cosh m+1=0 \tag{5.46}$$
を得る．これが片持ちはりの振動数方程式であって，小さい順に
$$m_1=1.875, \quad m_2=4.694, \quad m_3=7.855, \cdots$$
の解を得る．固有円振動数は，$k_n=m_n/l$ ($n=1, 2, 3, \cdots$) を用いて，
$$\omega_n=c^2 k_n{}^2=\frac{m_n{}^2}{l^2}\sqrt{\frac{EI}{\rho A}} \quad (n=1, 2, 3, \cdots) \tag{5.47}$$
となる．またモード関数は次のようになる．
$$X_n(x)=C_{1n}\{(\cos k_n x-\cosh k_n x)$$
$$-\frac{\cos k_n l+\cosh k_n l}{\sin k_n l+\sinh k_n l}(\sin k_n x-\sinh k_n x)\}$$
$$(n=1, 2, 3, \cdots) \tag{5.48}$$

片持ちはりの固有円振動数およびモード関数を，他の境界条件の場合とともに表 5.1 に示す．

〔例題 5.4〕 長方形断面の片持ちはりが振動数 112 [Hz] で 2 次振動している．はりの形状は，長さ $l=300$ [mm]，厚さ $h=2$ [mm]，幅 $b=10$ [mm] であり，密度は $\rho=2.70\times 10^3$ [kg/m³] である．このはりの縦弾性係数を求めよ．

〔解〕 長方形断面はりであるから，$A=bh$，$I=(bh^3)/12$ である．さらに，n 次の固有振動数を $f_n=\omega_n/(2\pi)$ とすると，式 (5.47) より，
$$E=\frac{4\pi^2 l^4 \rho A}{m_n{}^4 I}f_n{}^2=\frac{48\pi^2 l^4 \rho}{m_n{}^4 h^2}f_n{}^2$$
を得る．2 次振動であるから $n=2$，$m_2=4.694$ とし，$f_2=112$ [Hz]，$l=0.30$

表 5.1 はりの振動モードと振動数方程式

はり	一端固定,一端自由	両端固定	両端自由
振動数方程式 n	$\cos m \cosh m + 1 = 0$	$\cos m \cosh m - 1 = 0$	$\cos m \cosh m - 1 = 0$
1	$3.513^{1)}$	22.37	22.37　0.224　0.776
2	22.03　$0.774^{2)}$	61.68　0.5	61.68　0.132　0.868　0.5
3	61.70　0.501　0.868	120.9　0.359　0.641	120.9　0.094　0.644　0.356　0.906
4	120.9　0.356　0.906　$0.644l$	199.9　0.278　0.722　0.5	199.9　0.073　0.927　0.277　0.723

1) 固有円振動数 $\omega_n = \dfrac{m_n^2}{l^2}\sqrt{\dfrac{EI_0}{\rho A}}$ の m_n^2 の値

2) 節の位置　全長 1 に対する割合い

[m], $h = 0.002$ [m], $\rho = 2.70 \times 10^3$ [kg/m^3] を代入すると，縦弾性係数 E は次のようになる．

$$E = 6.686 \times 10^{10} \text{ [Pa]} = 66.86 \text{ [GPa]}$$

c. モード関数の直交性

次数の異なる振動モードのモード関数をそれぞれ $X_n(x)$, $X_m(x)$ とすれば，式 (5.31) より，それぞれ

$$\frac{d^4 X_n(x)}{dx^4} - k_n^4 X_n(x) = 0, \quad \frac{d^4 X_m(x)}{dx^4} - k_m^4 X_m(x) = 0$$

が成り立つ．第 1 式に $X_m(x)$, 第 2 式に $X_n(x)$ をそれぞれかけて，$x = 0 \to l$ で積分した後，引き算すれば，

$$\int_0^l (X_n'''' X_m - X_m'''' X_n)\, dx - (k_n^4 - k_m^4) \int_0^l X_n X_m\, dx = 0$$

となる．左辺の第 1 項を部分積分すれば，

$$[X_n''' X_m - X_m'' X_n' - X_m''' X_n + X_m'' X_n']_0^l + \int_0^l (X_n'' X_m'' - X_m'' X_n'')\, dx$$

となるが，$x = 0, l$ での境界条件は，単純支持のときは $X = X'' = 0$, 固定のときは $X = X' = 0$, 自由のときは $X'' = X''' = 0$ であるから，どの場合も 0 となる．し

たがって，第2項だけが残り，$k_n \neq k_m$ より，

$$\int_0^l X_n(x) X_m(x) dx = 0 \quad (n \neq m) \tag{5.49}$$

を得る．これを**モード関数の直交性**という．

d． 自由振動の解

弦と同様，一般解はすべての次数の振動モードを合成したもので，

$$y(x, t) = \sum_{n=1}^{\infty} X_n(x)(a_n \cos \omega_n t + \beta_n \sin \omega_n t) \tag{5.50}$$

となる．任意定数 a_n, β_n は，次の初期条件から決定する．

$$y(x, 0) = f(x), \quad \dot{y}(x, 0) = g(x) \tag{5.51}$$

これを式 (5.50) に用いれば，

$$f(x) = \sum_{n=1}^{\infty} a_n X_n(x), \quad g(x) = \sum_{n=1}^{\infty} \omega_n \beta_n X_n(x)$$

となる．これら2式それぞれに $X_n(x)$ をかけて，$x = 0 \to l$ で積分すればモード関数の直交性より，a_n, β_n が次のように求められる．

$$\left. \begin{array}{l} a_n = \dfrac{\displaystyle\int_0^l f(x) X_n(x) \, dx}{\displaystyle\int_0^l X_n^2(x) \, dx} \quad (n = 1, 2, 3, \cdots) \\[1em] \beta_n = \dfrac{\displaystyle\int_0^l g(x) X_n(x) \, dx}{\omega_n \displaystyle\int_0^l X_n^2(x) \, dx} \quad (n = 1, 2, 3, \cdots) \end{array} \right\} \tag{5.52}$$

e． 強制振動

運動方程式 (5.27) において，分布外力 $q(x, t)$ および強制振動の解 $y(x, t)$ が，与えられた境界条件を満たすモード関数 $X_n(x)$ によって，

$$\left. \begin{array}{l} y(x, t) = \sum_{n=1}^{\infty} X_n(x) T_n(t) \\[0.5em] q(x, t) = \sum_{n=1}^{\infty} X_n(x) Q_n(t) \end{array} \right\} \tag{5.53}$$

と展開できると仮定する．式 (5.27) に式 (5.53) を代入し，式 (5.31) を利用した後，$X_n(x)$ をかけて $x = 0 \to l$ で積分すれば，モード関数の直交性より総和記号内の第 n 項のみが残って，

$$\rho A\left(\int_0^l X_n{}^2(x)\,dx\right)\ddot{T}_n(t) + EIk_n{}^4\left(\int_0^l X_n{}^2(x)\,dx\right)T_n(t) = \left(\int_0^l X_n{}^2(x)\,dx\right)Q_n(t)$$

となり,これを整理すると次式を得る.

$$\ddot{T}_n(t) + \omega_n{}^2 T_n(t) = Q_n(t)/\rho A \tag{5.54}$$

右辺の Q_n は,式 (5.53) 第 2 式に $X_n(x)$ をかけて積分することより,

$$Q_n(t) = \frac{\int_0^l q(x,\,t)X_n(x)\,dx}{\int_0^l X_n{}^2(x)\,dx} \tag{5.55}$$

と計算できる.式 (5.54) において,$Q_n(t)$ を与えて $T_n(t)$ を解けば,

$$T_n(t) = a_n \cos \omega_n t + \beta_n \sin \omega_n t + \frac{1}{\rho A \omega_n}\int_0^t Q_n(t)\sin \omega_n(t-\tau)\,d\tau \tag{5.56}$$

となり,式 (5.53) の第 1 式に代入すれば強制振動の解 $y(x,\,t)$ が求まる.

〔**例題 5.5**〕 長さ l の両端単純支持はりの $x=a$ の位置に,時刻 $t=0$ から一定荷重 P が作用し始めたときに生じる振動を求めよ.

〔**解**〕 両端単純支持はりであるから,モード関数は式 (5.42) より,

$$X_n(x) = \sin \frac{n\pi x}{l}, \quad \text{したがって} \quad \int_0^l X_n{}^2(x)\,dx = \frac{l}{2}$$

となる.$t=0$ で,はりは最初静止していたから,式 (5.52) より,$a_n = \beta_n = 0$ となる.分布外力は,ステップ関数 $\varDelta(t)$ を用いて,

$$q(x,\,t) = P\delta(x-a)\varDelta(t), \quad \text{ただし,} \quad \varDelta(t) = \begin{cases} 0 & (t<0) \\ 1 & (t \geqq 0) \end{cases}$$

と表され,これらを式 (5.55) に代入すれば,

$$Q_n(t) = (2P/l)\{\sin(n\pi a/l)\}\varDelta(t)$$

となる.$a_n = \beta_n = 0$ および上式を,式 (5.56) に用いれば

$$T_n(t) = \frac{2P \sin(n\pi a/l)}{\rho A l \omega_n{}^2}(1 - \cos \omega_n t)$$

が得られ,式 (5.53) 第 1 式より,次の振動解を得る.

$$y(x,\,t) = \frac{2P}{\rho A l}\sum \frac{1}{\omega_n{}^2}\sin\frac{n\pi a}{l}\sin\frac{n\pi x}{l}(1 - \cos \omega_n t)$$

5.5 固有振動数の近似計算法

実際の構造物の固有振動数を厳密に求めることは難しく，いろいろな近似計算法が考えられてきた．ここではエネルギ保存則に基づくレーレー(Rayleigh)法を，はりの曲げ振動を例にとり説明する．

はりの曲げ振動において，運動エネルギ T とポテンシャルエネルギ(ひずみエネルギ) U は，それぞれ

$$T=\int_0^l \frac{1}{2}\rho A\left(\frac{\partial y}{\partial t}\right)^2 dx, \quad U=\int_0^l \frac{1}{2}EI\left(\frac{\partial^2 y}{\partial x^2}\right)^2 dx \quad (5.57)$$

である．エネルギ法によれば，運動エネルギの最大値 T_{max} とポテンシャルエネルギの最大値 U_{max} は等しくなる．いま，はりが特定のモードで振動しているとすれば，

$$y(x,\ t)=X(x)\sin\omega t$$

とおくことができる．これを式 (5.57) に用いれば，T_{max} および U_{max} は，

$$T_{max}=\frac{\omega^2\rho A}{2}\int_0^l X^2(x)dx, \quad U_{max}=\frac{EI}{2}\int_0^l \{X''(x)\}^2 dx \quad (5.58)$$

となるから，$T_{max}=U_{max}$ とおいて，

$$\omega^2=\frac{EI\int_0^l \{X''(x)\}^2 dx}{\rho A\int_0^l X^2(x)dx} \quad (5.59)$$

を得る．$X(x)$ のモード関数を厳密に求めるのが難しい場合，$X(x)$ を境界条件を満足している範囲の適当な関数で近似し，式 (5.59) に代入して計算すれば，固有円振動数 ω の近似値が求められる．

問 題

1. 鋼の縦弾性係数は $E=206\,\mathrm{GPa}$，密度は $\rho=7.81\times10^3\,\mathrm{kg/m^3}$，ポアソン比は $\nu=0.3$ である．鋼棒を伝わる縦波の伝ば速度とねじり波の伝ば速度を求めよ．
2. （a） 式 (5.10) が波動方程式 (5.9) を満たすことを確かめよ．
   (b) 波動方程式 (5.9) の一般解が式 (5.10) となることを証明せよ．
3. x 軸の正方向に進む波 $f(x-ct)$ が固定端 $x=l$ に到達した後，どのような反射波が生じるか調べよ．
4. 長さが 30 cm，1 m 当たりの質量が 1 g/m 弦の 1 次振動の振動数を 400 Hz にしたい．

いくらの張力で弦を張ればよいか．

5． 一端が固定され，他端に質量 M の質点が取り付けられている長さ l の棒がある．この棒の縦振動の振動数方程式を求めよ．

6． 一端固定，一端単純支持，長さ l のはりの振動数方程式，およびモード関数を求めよ．

7 長さ l の両端単純支持はりの $x=a$ の位置を，糸を用いて力 P でつり上げ，糸を急に切ったときに生じる振動を求めよ．

8． 最初静止していた長さ l の両端単純支持はりの $x=a$ の場所に，$q_0 \sin \omega t$ の加振力が作用したときの振動を調べよ．

9． 長さ l の両端固定のはりにおいて，1次のモード関数を $X(x) \simeq 1-\cos(2\pi x/l)$ と近似して，レーレーの方法により固有円振動数を求め，厳密解と比較せよ．

6 回転機械のつりあい

6.1 つりあいの条件

　工作機械やタービンなどの回転機械において，ロータは滑らかに回転することが機械の性能・寿命の点で望ましい．しかしながら，実際には，製造・組み立て過程の誤差や材料の不均一さのため，ロータの重心は回転軸中心から偏っている．この偏りが，回転の際，周期的に変化する慣性力および慣性力によるモーメントを発生させ，振動や騒音を招くことになる．本節では，1円板モデル，n 円板モデル，回転体モデルに対するつりあいの条件を導く．

a．1円板モデルの場合

　図 6.1 に示すように，両端が軸受で支持された軸に 1 枚の円板が取り付けられた回転機械のモデルを考えよう．円板は一定角速度 ω で回転しているとする．Z 軸を軸の中心線にとり，X，Y 軸は軸と一緒に回転するものとする（固定座標系 X_0-Y_0 と X-Y 座標系との関係は図 6.2 を参照されたい）．円板の質量を m_1 とし，重心の位置を r_1 で表す．r_1 の大きさを r_1，角度を ϕ_1 とすれば，r_1 の X-Y 座標 (x_1, y_1) は

$$x_1 = r_1 \cos \phi_1, \quad y_1 = r_1 \sin \phi_1 \tag{6.1}$$

と表される．このとき，軸には

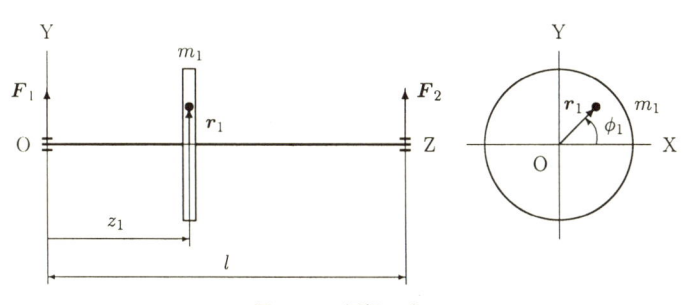

図 6.1　1円板モデル

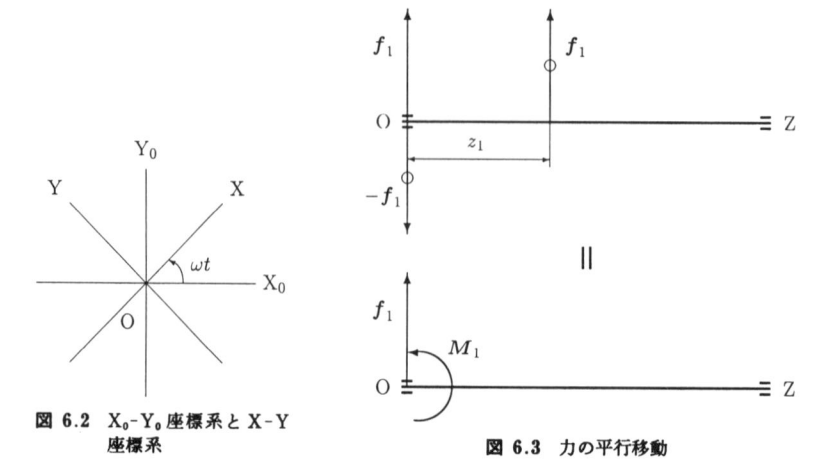

図 6.2 X_0-Y_0 座標系と X-Y 座標系

図 6.3 力の平行移動

$$f_1 = \omega^2 m_1 r_1 \tag{6.2}$$

の遠心力が作用することになり，角速度に依存しないベクトル量 $m_1 r_1$ を**不つりあい**という．

また，図 6.3 に示すように，O 点に f_1，$-f_1$ を加えると，この力系は O 点に作用する力 f_1 と偶力（○印）によるモーメント

$$M_1 = z_1 \bm{k} \times f_1 = \bm{k} \times \omega^2 z_1 m_1 r_1 \tag{6.3}$$

で等価表現できる．ただし，$\bm{k}$ は Z 軸方向の単位ベクトルであり，×はベクトル積を表す．こちらも角速度 ω 以外の部分を取り出して，$\bm{k} \times z_1 m_1 r_1$ を**不つりあいモーメント**[†]という．

では，1 円板モデルのつりあいの条件を求めよう．軸受が軸に及ぼす力をそれぞれ F_1，F_2 とする（図 6.1 参照）．円板が回転しない場合 $F_1 = F_2 = 0$ となるように重力項をあらかじめ消去しておく．$\omega^2 m_1 r_1$，F_1，F_2 の 3 力はつりあっている

[†] 図 6.4 に示すように，A 点に力 $\bm{f}$ が作用するとき，O 点まわりのモーメントは

$$M = \bm{a} \times \bm{f}$$

で与えられる．M の大きさは

$$|M| = d|\bm{f}| = |\bm{a}||\bm{f}|\sin\phi$$

であり（図 6.4（a）参照），方向は，$\bm{a}$，$\bm{f}$ で定まる面に垂直で，$\bm{a}$ を 180° 以内回転して $\bm{f}$ の方向に重ねるとき右ねじの進む方向として定まる（図 6.4（b）参照）．このように，M は，モーメントの大きさと方向（作用する面と回転方向）を表している．

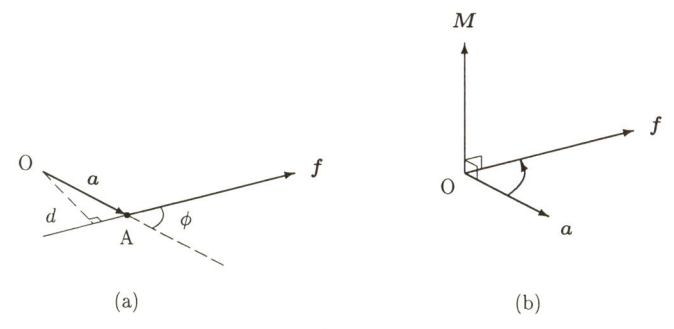

図 6.4 O点に関するモーメント

ので，力のつりあい条件から

$$\omega^2 m_1 r_1 + F_1 + F_2 = 0 \tag{6.4}$$

また，O点まわりのモーメントのつりあい条件から

$$z_1 \boldsymbol{k} \times \omega^2 m_1 \boldsymbol{r}_1 + l\boldsymbol{k} \times \boldsymbol{F}_2 = \boldsymbol{k} \times (\omega^2 z_1 m_1 \boldsymbol{r}_1 + l\boldsymbol{F}_2) = 0 \tag{6.5}$$

を得る．式 (6.6) に右から $\boldsymbol{k}^\dagger$ を外積として作用させると

$$\omega^2 z_1 m_1 \boldsymbol{r}_1 + l\boldsymbol{F}_2 = 0 \tag{6.6}$$

となる．

不つりあいによる振動が発生しないためには $F_1 = F_2 = 0$ であればよいので，つりあいの条件として，式 (6.4)，(6.6) から

$$m_1 \boldsymbol{r}_1 = 0 \tag{6.7}$$

を得る．式 (6.7) から $r_1 = 0$ がわかる．すなわち，1円板の場合，円板の重心がZ軸上にあるとき，つりあいの条件が満たされるのである．

b. n 円板モデルの場合

次に，図 6.5 に示すような一定角速度 ω で回転する n 円板モデルを考えよう．i 番目の円板の質量を m_i，重心の位置を $\boldsymbol{r}_i$ で表す．$\boldsymbol{r}_i$ の大きさと角度をそれぞれ r_i, ϕ_i で表すと，$\boldsymbol{r}_i$ の X-Y 座標 (x_i, y_i) は

$$x_i = r_i \cos \phi_i, \quad y_i = r_i \sin \phi_i \tag{6.8}$$

で与えられる．

力のつりあい条件から

---

† $\boldsymbol{k}$ は単位ベクトルなので，$\boldsymbol{k}$ と $\boldsymbol{f}$ が直交するとき $(\boldsymbol{k} \times \boldsymbol{f}) \times \boldsymbol{k} = \boldsymbol{f}$ が成り立つ．

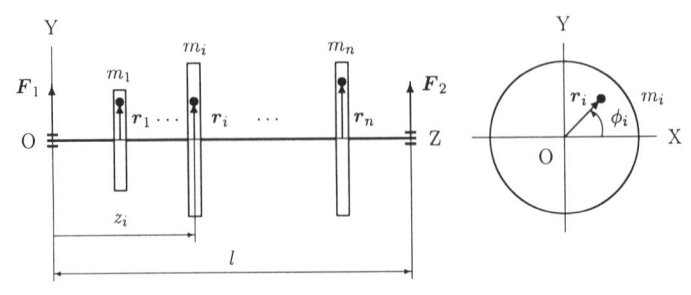

図 6.5 n 円板モデル

$$\omega^2 \sum_{i=1}^{n} m_i r_i + F_1 + F_2 = 0 \tag{6.9}$$

また，O点まわりのモーメントのつりあい条件から

$$k \times \left(\omega^2 \sum_{i=1}^{n} z_i m_i r_i + l F_2 \right) = 0 \tag{6.10}$$

を得る．したがって，つりあいの条件は，式 (6.9), (6.10) で $F_1 = F_2 = 0$ とおくことにより

$$F^* = \sum_{i=1}^{n} m_i r_i = 0 \tag{6.11}$$

$$M^* = k \times \sum_{i=1}^{n} z_i m_i r_i = 0 \tag{6.12}$$

と求められる．1円板モデルの場合と同様に，F^* を不つりあい，M^* を不つりあいモーメントという．

さて，n 個の円板を代表する重心の X-Y 座標を (x_G, y_G) とすれば

$$\sum_{i=1}^{n} m_i x_i = m x_G, \quad \sum_{i=1}^{n} m_i y_i = m y_G \tag{6.13}$$

が成り立つ．ただし，m は円板質量の総和，すなわち

$$m = \sum_{i=1}^{n} m_i \tag{6.14}$$

である．よって，式 (6.11) は

$$(x_G, y_G) = (0, 0) \tag{6.15}$$

を意味し，また

$$J_{zx} = \sum_{i=1}^{n} z_i x_i m_i, \quad J_{zy} = \sum_{i=1}^{n} z_i y_i m_i \tag{6.16}$$

を定義すると，式 (6.12) は

$$J_{zx}=J_{zy}=0 \tag{6.17}$$

に等しいことがわかる．J_{zx}, J_{zy} は慣性乗積と呼ばれる量であり，式 (6.17) は慣性主軸が Z 軸に一致することを示している．

式 (6.11) を**静的つりあいの条件**，式 (6.11) と (6.12) を合わせて**動的つりあいの条件**という．$n \geq 2$ の場合，つりあいの条件は動的つりあいの条件で記述されなければならないことに注意されたい．ここでは，O 点を軸受の位置としたが，モーメントのつりあいを考えるとき，基準点は任意でよいので，M^* の計算が簡単になるように O 点を選ぶことができる（M^* は O 点の位置によって変わる）．

c． 回転体モデルの場合

さて，次に回転体モデルを考えるのであるが，図 6.6 のように，z の位置における微小円板の単位幅当たりの質量を $m(z)$，重心の X-Y 座標を示すベクトルを $r(z)$ として，n 円板モデルの場合とまったく同様に議論すれば，つりあいの条件として

$$\boldsymbol{F}^* = \int_{z_L}^{z_R} m(z)\boldsymbol{r}(z)dz = \boldsymbol{0} \tag{6.18}$$

$$\boldsymbol{M}^* = \boldsymbol{k} \times \int_{z_L}^{z_R} zm(z)\boldsymbol{r}(z)dz = \boldsymbol{0} \tag{6.19}$$

が得られる．式 (6.18) が $(x_G, y_G) = (0, 0)$ を，式 (6.19) が $J_{zx}=J_{zy}=0$ を意味することも同様に導くことができる．ただし，$r(z)$ の大きさと角度をそれぞれ $r(z)$, $\phi(z)$ とすると，$r(z)$ の X-Y 座標 $(x(z), y(z))$ は

$$x(z) = r(z) \cos \phi(z), \quad y(z) = r(z) \sin \phi(z) \tag{6.20}$$

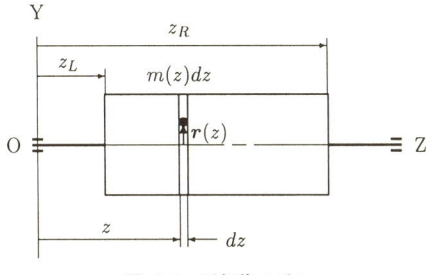

図 6.6 回転体モデル

で与えられる．また，回転体の重心の X-Y 座標 (x_G, y_G), 全質量 m, 慣性乗積 J_{zx}, J_{zy} は

$$x_G = \int_{z_L}^{z_R} x(z) m(z) dz / m, \quad y_G = \int_{z_L}^{z_R} y(z) m(z) dz / m \tag{6.21}$$

$$m = \int_{z_L}^{z_R} m(z) dz \tag{6.22}$$

$$J_{zx} = \int_{z_L}^{z_R} zx(z) m(z) dz, \quad J_{zy} = \int_{z_L}^{z_R} zy(z) m(z) dz \tag{6.23}$$

で与えられる．

6.2 2円板モデルによる不つりあいの等価表現とつりあわせ

不つりあい F^* と不つりあいモーメント M^* が存在するとき，これを任意に選んだ 2 面 A, B における不つりあい U_A, U_B でおきかえることができる（図 6.7 参照）．このことは，U_A, U_B を適切に選べば，F^*, M^* が

$$F^* = U_A + U_B \tag{6.24}$$

$$M^* = \mathbf{k} \times (z_A U_A + z_B U_B) \tag{6.25}$$

と表現できることから理解できるであろう．ところで，$U_A = -U_B$ の場合

$$F^* = 0, \quad M^* = \mathbf{k} \times (z_A - z_B) U_A \tag{6.26}$$

となり，偶力によるモーメント $\omega^2 M^*$ が発生するが，大きさが等しく向きが反対である一対の不つりあいを**偶不つりあい**という．

また，任意に選んだ 2 面 C, D において不つりあい U_C, U_D を適切に設定すれば，つりあいの条件を満足させることができる．そのような U_C, U_D は，U_A, U_B

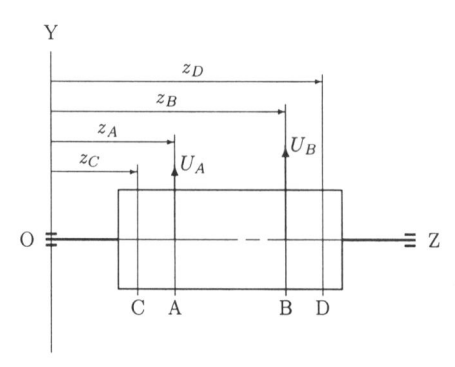

図 6.7 2 面つりあわせ

が与えられた場合，つりあいの条件

$$U_A + U_B + U_C + U_D = 0 \tag{6.27}$$
$$z_A U_A + z_B U_B + z_C U_C + z_D U_D = 0 \tag{6.28}$$

から計算できる．このように2面でつりあいをとることを**2面つりあわせ**または**動つりあわせ**という．

6.3 不つりあい計測の原理

本節では，ソフト形つりあい試験機を用いる不つりあい計測の原理を説明しよう．このつりあい試験機は，試験機の固有円振動数に比べて非常に大きい ω で回転体を回転させるとき，不つりあいと軸受変位が比例関係にあることを利用するものである．

図6.8にソフト形つりあい試験機のモデルを示す．回転体は，一定角速度 ω で回転しているとする．不つりあいの測定面をA，Bとし，A，Bにおける不つりあいを U_A, U_B で表す．軸受は X_0 方向にのみ移動できるとする．回転体の重心の変位を x_0，Z-X_0 平面における回転角度を θ とする．不つりあいは，U_A, U_B で代表させているので，重心はZ軸上にあると考えてよい．また，回転体の質量を m，重心回りの慣性モーメントを J とする．軸受は柔らかいばねで支持されており，それぞれのばね係数を k_1, k_2 で表す．軸受部の変位を s_1, s_2 で表し，これらはセンサによって測定されるものとする．

つぎに，U_A, U_B それぞれに対する強制振動解を求め，それらの和を計算する

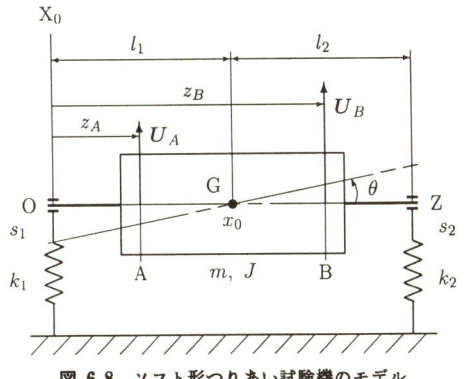

図6.8 ソフト形つりあい試験機のモデル

ことによって振動系の強制振動解を求めよう.

U_A のみを考慮した運動方程式は次のとおりである.

$$\left.\begin{aligned}m\ddot{x}_0+a_1x_0+b\theta &= \omega^2 U_A \cos(\omega t+\phi_A) \\ J\ddot{\theta}+bx_0+a_2\theta &= -(l_1-z_A)\omega^2 U_A \cos(\omega t+\phi_A)\end{aligned}\right\} \quad (6.29)$$

ただし

$$a_1=k_1+k_2, \quad a_2=l_1^2k_1+l_2^2k_2, \quad b=l_2k_2-l_1k_1 \quad (6.30)$$

とおいた. 3章の方法にしたがって,式 (6.29) の強制振動解を

$$\left.\begin{aligned}x_0 &= \alpha_A U_A \cos(\omega t+\phi_A) \\ \theta &= \beta_A U_A \cos(\omega t+\phi_A)\end{aligned}\right\} \quad (6.31)$$

と仮定して α_A, β_A を求めると

$$\left.\begin{aligned}\alpha_A &= \frac{(a_2-J\omega^2)+b(l_1-z_A)}{(a_1-m\omega^2)(a_2-J\omega^2)-b^2}\omega^2 \\ \beta_A &= \frac{-b-(a_1-m\omega^2)(l_1-z_A)}{(a_1-m\omega^2)(a^2-J\omega^2)-b^2}\omega^2\end{aligned}\right\} \quad (6.32)$$

となる. 式 (6.32) の分子分母を ω^4 でわり

$$\frac{a_1}{m}=\omega_1^2, \quad \frac{a_2}{J}=\omega_2^2, \quad \frac{\omega_1^2}{\omega^2}=\Omega_1, \quad \frac{\omega_2^2}{\omega^2}=\Omega_2 \quad (6.33)$$

とおいて整理すると

$$\left.\begin{aligned}\alpha_A &= \frac{\omega_1^2\omega_2^2 J(\Omega_2-1)+\omega_1^2\Omega_2 b(l_1-z_A)}{\omega_1^2\omega_2^2 mJ(\Omega_1-1)(\Omega_2-1)-\Omega_1\Omega_2 b^2} \\ \beta_B &= \frac{-\omega_2^2\Omega_1 b-\omega_1^2\omega_2^2 m(\Omega_1-1)(l_1-z_A)}{\omega_1^2\omega_2^2 mJ(\Omega_1-1)(\Omega_2-1)-\Omega_1\Omega_2 b^2}\end{aligned}\right\} \quad (6.34)$$

を得る. $\Omega_1, \Omega_2 \to 0$ とするとき,これらは定数

$$\alpha_A^0 = -\frac{1}{m}, \quad \beta_A^0 = \frac{l_1-z_A}{J} \quad (6.35)$$

になることがわかる. よって, $\omega_1^2/\omega^2, \omega_2^2/\omega^2 \ll 1$ のとき,強制振動解は近似的に

$$\left.\begin{aligned}x_0 &= \alpha_A^0 U_A \cos(\omega t+\phi_A) \\ \theta &= \beta_A^0 U_A \cos(\omega t+\phi_A)\end{aligned}\right\} \quad (6.36)$$

と表現できる.

U_B のみを考えた場合,上の式で添え字 A を B におきかえることによって,強

制振動解は

$$x_0 = \alpha_B{}^0 U_B \cos(\omega t + \phi_B) \left.\begin{matrix}\\\\\end{matrix}\right\}$$
$$\theta = \beta_B{}^0 U_B \cos(\omega t + \phi_B)$$
(6.37)

$$\alpha_B{}^0 = -\frac{1}{m} = \alpha_A{}^0, \quad \beta_B{}^0 = \frac{l_1 - z_B}{J} \tag{6.38}$$

と求められる。

U_A, U_B が同時に作用した場合，運動方程式の線形性から，それぞれの解の重ね合せが解となり，結局

$$x_0 = \alpha_A{}^0 U_A \cos(\omega t + \phi_A) + \alpha_B{}^0 U_B \cos(\omega t + \phi_B) \left.\begin{matrix}\\\\\end{matrix}\right\}$$
$$\theta = \beta_A{}^0 U_A \cos(\omega t + \phi_A) + \beta_B{}^0 U_B \cos(\omega t + \phi_B)$$
(6.39)

が得られる。

ところで

$$s_1 = x_0 - l_1 \theta \left.\begin{matrix}\\\\\end{matrix}\right\}$$
$$s_2 = x_0 + l_2 \theta$$
(6.40)

であるので，式 (6.39), (6.40) から

$$\begin{bmatrix} U_A \cos(\omega t + \phi_A) \\ U_B \cos(\omega t + \phi_B) \end{bmatrix} = \begin{bmatrix} \alpha_A{}^0 & \alpha_B{}^0 \\ \beta_A{}^0 & \beta_B{}^0 \end{bmatrix}^{-1} \begin{bmatrix} 1 & -l_1 \\ 1 & l_2 \end{bmatrix}^{-1} \begin{bmatrix} s_1 \\ s_2 \end{bmatrix} \tag{6.41}$$

を得る。すなわち，測定された s_1, s_2 から，式 (6.41) を用いて $U_A \cos(\omega t + \phi_A)$, $U_B \cos(\omega t + \phi_B)$ が計算できる。これらの振幅から，U_A, U_B がわかり，また，$U_A \cos \omega t$ と $U_A \cos(\omega t + \phi_A)$，$U_B \cos \omega t$ と $U_B \cos(\omega t + \phi_B)$ の位相差から ϕ_A, ϕ_B がそれぞれ求められるのである。これらによって，X-Y 座標系における U_A, U_B は，結局

$$\boldsymbol{U}_A = \begin{bmatrix} U_A \cos \phi_A \\ U_A \sin \phi_A \end{bmatrix}, \quad \boldsymbol{U}_B = \begin{bmatrix} U_B \cos \phi_B \\ U_B \sin \phi_B \end{bmatrix} \tag{6.42}$$

とベクトル表示される。

問　題

1. 図 6.1 の 1 円板モデルにおいて $m_1 r_1 \neq 0$ としたときの F_1, F_2 を求めよ。また，これらの力を X_0-Y_0 座標系で表示せよ。

2. 図 6.9 に示すように，r_1, r_2 の位置に直径 6 mm の穴が開いている円板がある。3 番目の穴として，直径 8 mm の穴を r_3 の位置に開けてつりあいの状態としたい。r_3 を求めよ。た

図 6.9

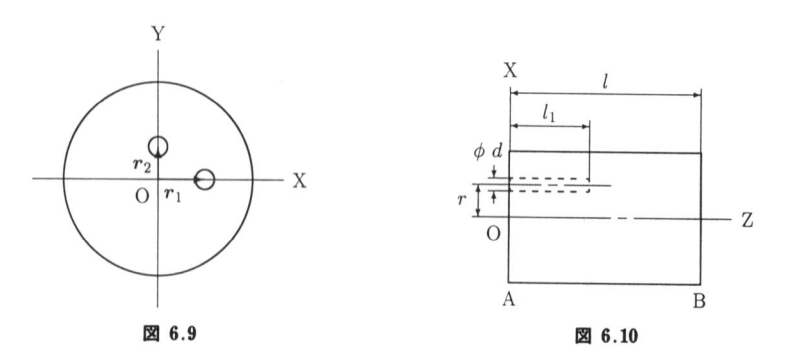

図 6.10

ただし，r_1，r_2 の大きさと方向（X 軸に対する角度）は，それぞれ $r_1=\sqrt{3}$ cm，$\phi_1=0°$，$r_2=1$ cm，$\phi_2=90°$ とする．

3. 2円板モデルにおいて
$$m_1=1 \text{ kg},\ r_1=5 \text{ mm},\ \phi_1=0°,\ z_1=200 \text{ mm}$$
$$m_2=2 \text{ kg},\ r_2=2 \text{ mm},\ \phi_2=60°,\ z_2=300 \text{ mm}$$
であるとする（図6.5参照）．$z_A=100$ mm，$z_B=400$ mm の2面でつりあわせるための不つりあい U_A，U_B を計算せよ．

4. 図6.10に示すように，直径 d，深さ l_1 の穴をもつ円柱形のロータがある．穴の中心線の X，Y 座標を $(r, 0)$ とし，ロータの密度を ρ とする．A，B 面でつりあわせるための不つりあい U_A，U_B を求めよ．

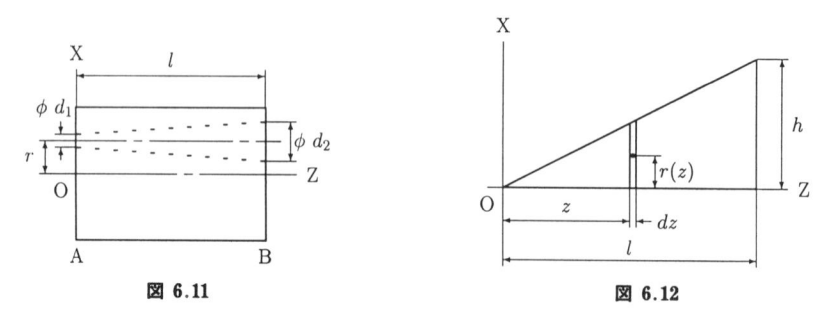

図 6.11

図 6.12

5. 図6.11のようなテーパのある穴を有する円柱形のロータがある．穴の中心線の X，Y 座標を $(r, 0)$ とし，ロータの密度を ρ とする．A，B 面でつりあわせるための不つりあい U_A，U_B を求めよ．

6. 図6.12に示す三角形の板がある．板の単位面積当たりの質量を ρ とする．Z 軸で回転させたときの F^*，M^* を求めよ．

7. ソフト形つりあい試験機モデル（式 (6.29)）の固有円振動数を計算せよ．また，$b=0$ の場合の固有円振動数を示せ．

7 往復機械の力学

7.1 往復機械の運動

往復運動を**回転運動**に，また逆に回転運動を往復運動に変換する機構として，ピストン・クランク機構があり，広く内燃機関，蒸気機関，往復ポンプ，圧縮機などに用いられている．これらの機械の機構を構成しているピストン，**連接棒**，クランクの慣性力が起振力となって，往復機械に振動が発生する．ただし，シリンダ内の爆発によるガス圧力は流体圧であるから，各リンクのつなぎ目である対偶にガタがない場合は内部でつりあうので，内力には関係するが，機械全体を考えるとガス圧は振動の起振力とはならない．

図7.1において，クランクの回転中心Oを座標の原点にとり，ピストンの**並進運動**の方向をx軸，これと直角方向にy軸をとる．ピストン中心Bから原点までの距離を$x=\mathrm{OB}$，クランクの回転角$\angle \mathrm{AOB}=\theta=\omega t$（$\omega$：一定），連接棒の傾き角$\angle \mathrm{ABO}=\varphi$，連接棒の長さ$l=\mathrm{AB}$，クランク半径を$r=\mathrm{OA}$とする．また，連接棒の重心をGとし，ピストンの中心Bとクランクピンの中心Aまでの距離をそれぞれ$a=\mathrm{GB}$，$b=\mathrm{GA}$とする．ピストン中心Bの座標xは

$$x = r\cos\theta + l\cos\varphi \tag{7.1}$$

ここで，$l\sin\varphi = r\sin\theta$の関係を用いると

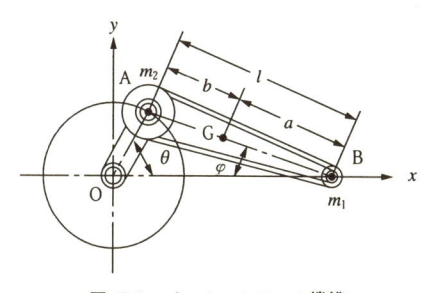

図7.1 ピストンクランク機構

$$\cos\varphi = \sqrt{1-\sin^2\varphi} = \sqrt{1-\lambda\sin^2\theta}$$

となる．$\lambda = r/l\;(= 1/3 \sim 1/5) < 1$ であるので，

$$\sqrt{1-\lambda^2\sin^2\theta} = 1 - \frac{1}{2}\lambda^2\sin^2\theta - \frac{1}{8}\lambda^4\sin^4\theta - \frac{1}{16}\lambda^6\sin^6\theta\cdots$$

と展開し，

$$\sin^2\theta = \frac{1}{2}(1-\cos 2\theta), \qquad \sin^4\theta = \frac{1}{8}(3-4\cos 2\theta + \cos 4\theta),$$

$$\sin^6\theta = \frac{1}{32}(10 - 15\cos 2\theta + 6\cos 4\theta - \cos 6\theta)\cdots$$

の関係を用いて整理すると

$$x = r\left(\cos\theta + \frac{1}{\lambda}\sum_{n=0}^{\infty}A_{2n}\cos 2n\theta\right) \tag{7.2}$$

ただし

$$A_0 = 1 - \frac{1}{4}\lambda^2 - \frac{3}{64}\lambda^4 - \frac{5}{256}\lambda^6\cdots$$

$$A_2 = \frac{1}{4}\lambda^2 + \frac{1}{16}\lambda^4 + \frac{15}{512}\lambda^6\cdots$$

$$A_4 = -\frac{1}{64}\lambda^4 - \frac{3}{256}\lambda^6\cdots$$

$$A_6 = \frac{1}{512}\lambda^6 + \cdots$$

ここで，$1/3 \geqq \lambda \geqq 1/5$ であるから λ^4 以上の項を省略しても事実上さしつかえないので，B点の変位 x は

$$x \fallingdotseq r\left\{\cos\theta + \left(\frac{1}{\lambda} - \frac{1}{4}\lambda + \frac{\lambda}{4}\cos 2\theta\right)\right\} \tag{7.3}$$

したがって，B点の変位，速度ならびに加速度は

$$\left.\begin{aligned}x &= r\left(\frac{1}{\lambda} - \frac{1}{4}\lambda + \cos\theta + \frac{1}{4}\lambda\cos 2\theta\right) \\ \dot{x} &= -r\omega\left(\sin\theta + \frac{\lambda}{2}\sin 2\theta\right) \\ \ddot{x} &= -r\omega^2(\cos\theta + \lambda\cos 2\theta)\end{aligned}\right\} \tag{7.4}$$

となる．また，クランクピンの中心 A の座標は

$$\left.\begin{array}{ll} x = r\cos\theta & y = r\sin\theta \\ \dot{x} = -r\omega\sin\theta & \dot{y} = r\omega\cos\theta \\ \ddot{x} = -r\omega^2\cos\theta & \ddot{y} = -r\omega^2\sin\theta \end{array}\right\} \quad (7.5)$$

となる．

7.2 各運動部の慣性力

a. ピストンの慣性力

ピストンの質量を m_p とすれば，慣性力 X は式（7.4）から

$$\left.\begin{array}{l} X = X_1 + X_2 \\ X_1 = m_p r\omega^2 \cos\theta \quad X_2 = \lambda m_p r\omega^2 \cos 2\theta \end{array}\right\} \quad (7.6)$$

となる．X_1 を**1次の慣性力**，X_2 を**2次の慣性力**という．1次の慣性力はクランク軸の回転と同一の周期で変動する力であり，2次の慣性力はクランク軸の回転の2倍の振動数で変動する力であり，周期はクランク軸の回転周期の1/2となる．また，慣性力は回転速度の2乗に比例するから回転の速い発動機では相当大きくなり，近頃の自動車ではその大きさがガス圧よりも大きくなる．

図7.2(b)に示すように，ピストンに作用する力は，ピストンに作用するガス圧力 P，慣性力 X，シリンダ壁からピストンに作用する拘束力 F_0，ならびに連接棒からピストンを通して作用する拘束力 S_0 で平衡を保っている．拘束力 F_0 と S_0 は慣性力に起因する項とガス圧によるものの和である．いま，慣性力 X の力のみについて考える．慣性力 X がシリンダ壁および連接棒に及ぼす力は，シリンダ壁ならびに連接棒からピストンが受ける拘束力と大きさが等しく，符号が反対である．したがって，図7.2(a)のように慣性力 X は，シリンダ壁と

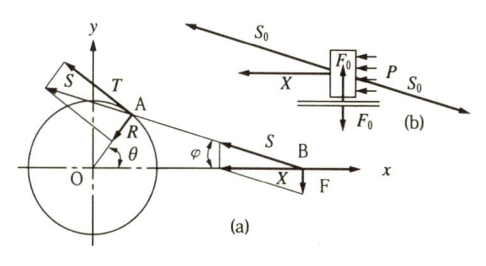

図 7.2 ピストンクランクに働く力

連接棒に及ぼす力に分けられると考えられる．したがって，ピストンの慣性力が連接棒に作用する力を S とすれば，

$$S = X \sec \varphi \tag{7.7}$$

この力 S は連接棒の軸方向の振動の振動源になる．シリンダ壁はピストンの側圧によって，

$$F = S \sin \varphi \tag{7.8}$$

の y 軸方向の力を受ける．この力の O 点に関するモーメント H_1 は

$$H_1 = F \times OB = F(r \cos \theta + l \cos \varphi) \tag{7.9}$$

となり，発動機全体を回転させる振動源となる．力 S は内力として連接棒を伝わりクランクピンに達する．クランクピンにおいて力 S をクランク半径に直交する分力 T と半径方向の分力 R に分けると

$$T = S \cos\left(\frac{\pi}{2} - \theta - \varphi\right) = X \sec \varphi \sin(\theta + \varphi) \tag{7.10}$$

$$R = S \sin\left(\frac{\pi}{2} - \theta - \varphi\right) = X \sec \varphi \cos(\theta + \varphi) \tag{7.11}$$

となる．クランクの回転力 M_t は

$$M_t = Tr = Xr \sec \varphi \sin(\theta + \varphi)$$

となり，クランク軸のねじり振動源となる．

図 7.2 に示すように，力 R はクランクピンに垂直に作用し，クランク軸の曲げ振動の振動源になる．また，ピストンの慣性力はクランク軸の主軸受け O に作用し，軸受荷重となる．したがって，発動機本体のシリンダ中心線方向の振動の振動源になる．ガス圧 P によって発動機の部品ならびに本体に作用する力は，X の代わりに P とすればよい．クランク軸の主軸受けに作用するガス圧 P の力は流体圧であるので，シリンダヘッドに作用する力と内部でつりあって，発動機本体の振動源とはならない．

b. 連接棒の慣性力

連接棒の形状は図 7.1 よりわかるようにクランク軸の A 端付近で大きく，ピストン B 端付近で小さくなっており，複雑な形状となっている．したがって，連接棒の運動エネルギの見地から等価な力学系におきかえることにする．図 7.1 の連接棒の質量を M，重心の直角座標を x_G, y_G，重心 G のまわりの慣性モーメン

トの回転半径を κ とすると，連接棒の運動エネルギ T は

$$T = \frac{1}{2} M\kappa^2 \dot{\varphi}^2 + \frac{1}{2} M (\dot{x}_G{}^2 + \dot{y}_G{}^2) \tag{7.12}$$

となる．連接棒の重心 G の座標は

$$x_G = r \cos\theta + b \cos\varphi, \quad y_G = r \sin\theta - b \sin\varphi$$

となるから，この関係式を用いて，式 (7.12) の右辺第 2 項を変形すると

$$\frac{1}{2} M \{r^2 \dot{\theta}^2 + b^2 \dot{\varphi}^2 - 2rb \dot{\theta} \dot{\varphi} \cos(\theta + \varphi)\}$$

となる．したがって，式 (7.12) は

$$T = \frac{1}{2} M\kappa^2 \dot{\varphi}^2 + \frac{1}{2} M \{r^2 \dot{\theta}^2 + b^2 \dot{\varphi}^2 - 2rb \dot{\theta} \dot{\varphi} \cos(\theta + \varphi)\} \tag{7.13}$$

式 (7.13) の右辺第 2 項を

$$x = r \cos\theta + l \cos\varphi, \quad r \sin\theta = l \sin\varphi$$

を用いて変形すると

$$-\frac{1}{2} Mab \dot{\varphi}^2 + \frac{1}{2} \left(\frac{b}{l} M \dot{x}^2 + \frac{a}{l} Mr^2 \dot{\theta}^2 \right)$$

となるから，式 (7.13) は

$$T = \frac{1}{2} M (\kappa^2 - ab) \dot{\varphi}^2 + \frac{1}{2} \frac{b}{l} M \dot{x}^2 + \frac{1}{2} \frac{a}{l} Mr^2 \dot{\theta}^2 \tag{7.14}$$

式 (7.14) の連接棒の運動エネルギを整理すると，図 7.3 に示すように連接棒の質量 M をピストン B 点に集中する質量 $m_1 = (b/l)M$ とクランク A 点に集中する質量 $m_2 = (a/l)M$ の運動エネルギ，さらに，連接棒の φ なる回転によって等価慣性モーメント $I_e = M(K^2 - ab)$ が生ずるものと考えることができる．

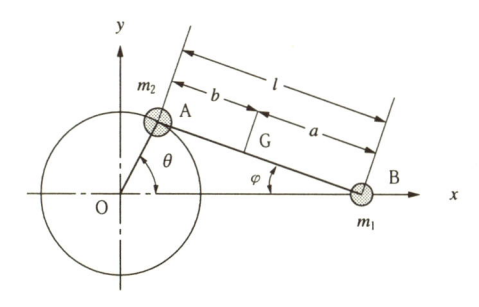

図 7.3 連接棒の等価質量

B 点に集中する質量 $\dfrac{b}{l}M$ の運動エネルギ $\quad \dfrac{1}{2}\dfrac{b}{l}M\dot{x}^2 = \dfrac{1}{2}m_1\dot{x}^2$

A 点に集中する質量 $\dfrac{b}{l}M$ の運動エネルギ $\quad \dfrac{1}{2}\dfrac{a}{l}Ma^2 = \dfrac{1}{2}m_2(\gamma\dot{\theta})^2$

重心のまわりの等価慣性モーメント I_e の回転運動エネルギ $\quad \dfrac{1}{2}M(\kappa^2-ab)\dot{\varphi}^2$

となる.m_1 と m_2 は連接棒を水平に横たえ B(小端部)および A(大端部)をそれぞれ秤りで支え,それらの支持力を測定することによって求められる.I_e は小さい負の量であるので,連接棒の慣性力の計算では,m_1, m_2 だけの運動を考えればよい.図 7.4 からわかるように m_1 の加速度 a_B はピストン m_p の加速度と同じであるから慣性力は

$$-m_1\ddot{x} = m_1 r\omega^2(\cos\theta + \lambda\cos 2\theta) \tag{7.15}$$

となる.

A 点に集中する質量 m_2 の加速度は a_A,クランク AO の方向となる.したがって,連接棒の重心に作用する慣性力 F は $F=-m_1 a_B - m_2 a_A$ となり,慣性力の X と Y 成分は(詳細は問題 1 参照)

$$X = m_1 r\omega^2\cos\theta + m_2 r\omega^2\cos\theta + \lambda m_1 r\omega^2\cos 2\theta, \quad Y = m_2 r\omega^2\sin\theta \tag{7.16}$$

となる.

c.クランク軸の慣性

図 7.5 に示すようにクランクピンの質量を m_{rp} とすれば,これによる慣性力

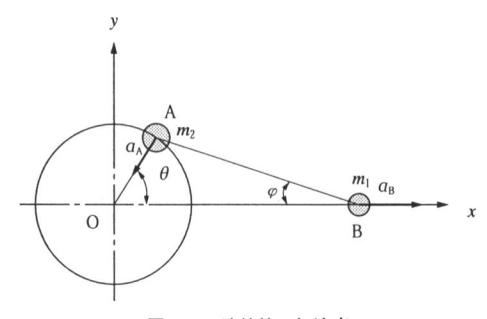

図 7.4 連接棒の加速度

すなわち遠心力 F_{rp} は
$$F_{rp}=m_{rp}r\omega^2$$
クランク腕の質量を m_{ra} とし，クランク軸中心線からクランク軸腕の重心までの距離を r_{ra} とすれば，クランク腕の慣性力 F_{ra} は

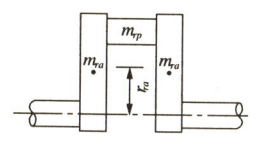

図 7.5　クランクの質量

$$F_{ra}=2m_{ra}r_{ra}\omega^2$$
したがって，クランク全体の慣性力 F_r は
$$F_r=F_{rp}+F_{ra}=\omega^2(m_{rp}r+2m_{ra}r_{ra}) \qquad (7.17)$$
クランクの等価質量を M_e とすれば
$$M_e=m_{rp}+2m_{ra}\frac{r_{ra}}{r}, \quad F_r=M_e r\omega^2 \qquad (7.18)$$
式(7.18)で示した慣性力を X および Y 方向に分解した分力をそれぞれ X_c, Y_c とすれば，
$$X_c=M_e r\omega^2\cos\theta, \quad Y_c=M_e r\omega^2\sin\theta \qquad (7.19)$$
となる．

d.　単気筒発動機の慣性力

各運動部分（ピストン，連接棒，クランク軸）の慣性力を示したので，次に，単気筒発動機全体の慣性力について考える．往復質量による慣性力はピストン自身の質量 m_p の慣性力と連接棒の小端部に集中したと仮定した質量 m_1 の慣性力を加えたものになるので，
$$X=(m_p+m_1)r\omega^2(\cos\theta+\lambda\cos 2\theta)=m_{recip}r\omega^2(\cos\theta+\lambda\cos 2\theta)$$
$$(7.20)$$
となる．ここで，m_{recip} を**往復質量**という．

回転質量による慣性力は，クランクの等価質量 M_e による慣性力と連接棒の大端部に集中したと仮定した質量 m_2 の慣性力の和となるので，大きさ $(M_e+m_2)r\omega^2$ の遠心力になる．この慣性力を X と Y の方向に分解した力を X_0, Y_0 とすれば
$$\left.\begin{array}{l} X_0=(M_e+m_2)r\omega^2\cos\theta=m_{rev}r\omega^2\cos\theta \\ Y_0=(M_e+m_2)r\omega^2\sin\theta=m_{rev}r\omega^2\sin\theta \end{array}\right\} \qquad (7.21)$$
となる．ここで，$m_{rev}=M_e+m_2$ を**回転質量**という．

発動機に作用する慣性力は，式(7.20)に示す往復質量による慣性力 X，および式（7.21）に示す**回転質量**による慣性力 X_0, Y_0 が発動機の主軸受に作用し，発動機本体の振動の起振力になる．

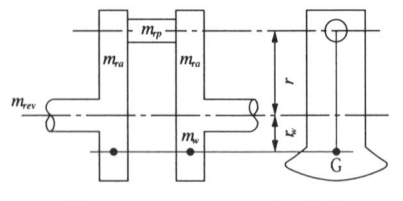

図 7.6 クランクのつりあい質量

図 7.6 に示すように，回転質量の慣性力を小さくするためには，つりあいの質量を m_w とし，m_w の重心から，クランクの回転中心 O までの距離を r_w として，

$$2m_w r_w = m_{rev} r \tag{7.22}$$

になるように，m_w と r_w を決めればよい．

式(7.20)で示される往復質量による慣性力の1次の慣性力 $m_{recip} r\omega^2 \cos\theta$ は気筒中心線方向にある．一方クランクピンに集中したと仮想した回転質量 m_{rev} の慣性力の分力 X_0（式 (7.21) の X 軸成分）も気筒中心線方向の成分であるので，回転質量のつりあい重りにより往復質量による慣性力をつりあわせることができる．このことを過剰平衡という．しかし，式 (7.21) の Y 方向成分 Y_0，すなわち気筒中心線に直角方向の慣性力が発生する．したがって，X, Y 軸両方の不つりあいを半分ずつ残す妥協案が考えられる．

〔**例題 7.1**〕 単気筒発動機の行程 70 mm，回転数 4500 rpm，ピストンの質量 200 g，ピストンピンの質量 60 g，連接棒の質量 600 g，連接棒の長さ 130 mm，連接棒の重心から小端部中心までの距離 100 mm，クランクの等価質量 520 g であった．往復運動部分の不つりあいの1次の慣性力を，適当な大きさのつりあい重りによって半分にせよ．

〔**解**〕 つりあい重りの質量 M_w をクランクピンと 180° の位相で，かつクランクの半径のところに取り付けるものとする．気筒中心線方向の慣性力 X と，それに垂直な方向の慣性力 Y は

$$\left.\begin{array}{l} X = (m_{recip} + m_{rev} - M_w) r\omega^2 \cos\theta \\ Y = (m_{rev} - M_w) r\omega^2 \sin\theta \end{array}\right\} \tag{7.23}$$

ここで，X と Y の振幅を等しくするためには

$$M_w = \frac{m_{recip}}{2} + m_{rev}$$

連接棒の等価質量を求めると

$$m_1 = 0.600 \times \frac{30}{130} = 0.138 \text{ [kg]}$$

$$m_2 = 0.600 \times \frac{100}{130} = 0.462 \text{ [kg]}$$

したがって，m_{recip} ＝（ピストンの質量）＋（ピストンピンの質量）＋m_1
$$= 0.200 + 0.060 + 0.138 = 0.398 \text{ [kg]}$$

m_{rev} ＝（クランクの等価質量）＋m_1
$$= 0.520 + 0.462 = 0.982 \text{ [kg]}$$

$$\therefore \quad W_w = \frac{0.398}{2} + 0.982 = 1.181 \text{[kg]}$$

問　題

1.　連接棒の両端 A，B 点における加速度 a_A，a_B の加速度より，連接棒の重心の加速度および慣性力を求めよ（図7.4参照）．

2.　例題7.1に示された単気筒発動機の1次の慣性力の大きさを求めよ．

8 非線形振動

8.1 非線形復元力をもつ振動系

 変位が小さいとき変位と復元力が比例するとみなせるばねでも，変位が大きくなるにしたがって，その比例関係が保たれなくなるのが一般的である．ばねの変位を x，復元力を $f(x)$ としたときの非線形ばね特性の例を図8.1に示す．P_1, P_2 の特性をもつばねをそれぞれ**漸硬ばね**，**漸軟ばね**という．

 非線形性が強くなれば，線形化モデルでは振動を精度よく計算できなくなる．たとえば，振子系の自由振動では，振幅が大きくなるにしたがって，周期や波形において，実際の振動と線形化モデルの解との差異が大きくなる．

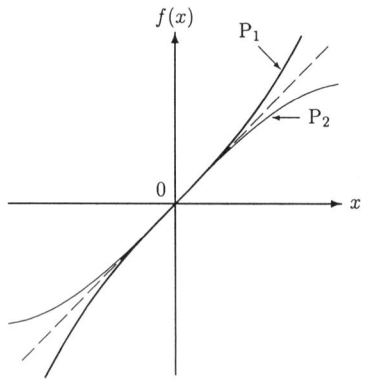

図 8.1 漸硬ばね (P_1) と漸軟ばね (P_2) の特性

 いま，$x=0$ を振動系の平衡点としよう．$f(x)$ は，もし平衡点に対して対称ならば，次のように x の奇数次のべき級数で近似される．

$$f(x) = \omega_0^2(x + \alpha_1 x^3 + \alpha_2 x^5 + \cdots) \tag{8.1}$$

たとえば，振子系の場合，運動方程式は

$$J\ddot{\theta} + mgl\sin\theta = 0 \tag{8.2}$$

と書ける．ただし，θ は振子の振れ角，J は支点まわりの振子の慣性モーメント，m は振子の質量，l は支点から重心までの距離である．式(8.2)において，$x=\theta$ とおき，整理すると運動方程式は次のように表現できる．

$$\ddot{x} + f(x) = 0 \tag{8.3}$$

8.1 非線形復元力をもつ振動系

$$f(x) = \omega_0{}^2 \sin x = \omega_0{}^2 \left(x - \frac{x^3}{3!} + \frac{x^5}{5!} - + \cdots \right) \tag{8.4}$$

$$\omega_0{}^2 = \frac{mgl}{J} \tag{8.5}$$

このとき，x の範囲を $-\pi < x < \pi$ に限れば，$f(x)$ は漸軟ばねであり，さらに，$|x|$ が小さい場合，$f(x)$ は

$$f(x) \simeq \omega_0{}^2 \left(x - \frac{x^3}{3!} \right) \tag{8.6}$$

と近似できることがわかる．

もう1つの例として図8.2に示す振動系を考えよう．すなわち，ワイヤの中央に質量が付加され，ワイヤの両端には力 F が作用しているという振動系である．図8.2(b)を参考に力のつりあいを考えると，次の運動方程式が得られる．

$$m\ddot{x} + 2\left(F + \frac{SE\varDelta}{l} \right) \sin \theta = 0 \tag{8.7}$$

ただし，S はワイヤの断面積，E は縦弾性係数，$\varDelta$ はワイヤの伸びである．図8.2(a)から

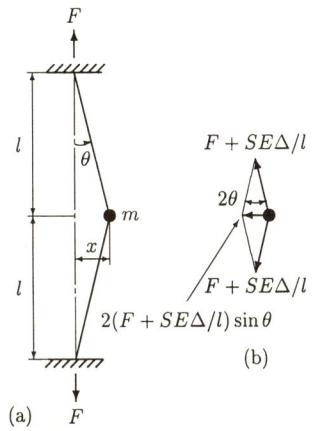

図 8.2 弦につけられた質点の横振動

$$\varDelta = \sqrt{l^2 + x^2} - l, \quad \sin \theta = \frac{x}{\sqrt{l^2 + x^2}} \tag{8.8}$$

である．$|x/l| \ll 1$ と仮定し

$$(l^2 + x^2)^{1/2} \simeq l \left(1 + \frac{x^2}{2l^2} \right), \quad (l^2 + x^2)^{-1/2} \simeq \frac{1}{l} \left(1 - \frac{x^2}{2l^2} \right) \tag{8.9}$$

を考慮すると

$$\varDelta \simeq \frac{x^2}{2l}, \quad \sin \theta \simeq \frac{x}{l} \left(1 - \frac{x^2}{2l^2} \right) \tag{8.10}$$

と近似できるので，これらを式 (8.7) へ代入し，$(x/l)^3$ の項まで残すと

$$m\ddot{x} + \frac{2F}{l} x + \frac{SE}{l^3} \left(1 - \frac{F}{SE} \right) x^3 = 0 \tag{8.11}$$

を得る．上式を整理すると，この運動方程式も

$$\ddot{x}+f(x)=0 \tag{8.12}$$

$$f(x)=\omega_0^2(x+\beta x^3), \quad \omega_0^2=\frac{2F}{ml}, \quad \beta=\frac{SE}{2Fl^2}\left(1-\frac{F}{SE}\right) \tag{8.13}$$

の形に書かれることがわかる．F/SE はワイヤの初期ひずみで $F/SE \ll 1$ であるから $\beta>0$，よって，この場合，$f(x)$ は漸硬ばね特性をもつ．

一般のばね特性の多くは，3次のべき級数

$$f(x)=\omega_0^2(x+\alpha_1 x^3) \tag{8.14}$$

によってかなり正確に表現できる．このように $f(x)$ に3次の項があるとき，式 (8.12) は**ダフィング (Duffing) の方程式**と呼ばれる．本章では，非線形復元力をもつ1自由度振動系に対する振動の計算法について説明する．

8.2 積分による速度と周期の計算

非線形復元力をもつ振動系

$$\ddot{x}+f(x)=0 \tag{8.15}$$

を考えよう．ここで，$f(x)$ は，$x=0$ に対して対称な関数とし，図8.1に示すように，x-$f(x)$ 座標系の第1・第3象限にあるとする（あるいは，そのように x の範囲を限定する）．すなわち

$$\left.\begin{array}{l} f(x)=-f(-x) \\ xf(x)>0 \quad (x \neq 0) \end{array}\right\} \tag{8.16}$$

また，初期条件は次式で与えられるものとする．

$$x(0)=x_0>0, \quad \dot{x}(0)=0 \tag{8.17}$$

本節では，系 (8.15) の速度と周期の計算式を導く．これらの結果は，次節で述べる振動の近似解法で利用される．

いま，$v=\dot{x}$ とおくと

$$\ddot{x}=\frac{d\dot{x}}{dt}=\frac{dx}{dt}\frac{dv}{dx}=v\frac{dv}{dx} \tag{8.18}$$

なので，これを式 (8.15) に代入すると

$$v\frac{dv}{dx}=-f(x) \tag{8.19}$$

この式を $x(0)=x_0$ から $x(t)=x$ まで積分して

$$v(t)^2 = 2\int_x^{x_0} f(\eta)\,d\eta \tag{8.20}$$

を得る．$f(x)$ に対する仮定から，$x(t)=-x_0$ となる時刻で $v(t)=0$ であるので，x は x_0 から $-x_0$ の間を振動することがわかる．すなわち，x の振幅は x_0 である．また，$x(t)=0$ となる時刻で $v(t)^2$ が最大となることから，v の振幅 A_v は

$$A_v = \sqrt{2\int_0^{x_0} f(\eta)\,d\eta} \tag{8.21}$$

と求められる．次に，周期 T を計算しよう．x_0 から $-x_0$ の間 v は非正であるので，式 (8.20) から

$$v(t) = \frac{dx}{dt} = -\sqrt{2\int_x^{x_0} f(\eta)\,d\eta} \tag{8.22}$$

となる．これから

$$dt = -\frac{dx}{\sqrt{2\int_x^{x_0} f(\eta)\,d\eta}} \tag{8.23}$$

を得る．$x=x_0$ から $x=0$ までに要する時間は $T/4$ なので，上式を x_0 から 0 まで積分して 4 倍すると T が求まる．すなわち

$$T = 4\int_0^{x_0} \frac{dx}{\sqrt{2\int_x^{x_0} f(\eta)\,d\eta}} \tag{8.24}$$

以下では，$f(x)$ の具体例について，A_v と T を計算する．

a. $f(x)=\omega_0^2(x+\beta x^3)$ の場合

復元力が

$$f(x) = \omega_0^2(x+\beta x^3), \quad \beta > 0 \tag{8.25}$$

で表される場合を考えよう．A_v は式 (8.21) から

$$A_v = \omega_0 x_0 \sqrt{1+\beta x_0^2/2} \tag{8.26}$$

である．また，式 (8.24) から次式を得る．

$$T = \frac{4}{\omega_0}\int_0^{x_0} \frac{dx}{\sqrt{(x_0^2-x^2)\{1+\beta(x_0^2+x^2)/2\}}} \tag{8.27}$$

右辺のだ円積分を標準形に変換するため

$$\xi = \frac{x}{x_0}, \quad z = \beta x_0^2 \tag{8.28}$$

とおくと

$$T = \frac{4}{\omega_0}\sqrt{\frac{2}{z}}\int_0^1 \frac{d\xi}{\sqrt{(1-\xi^2)\{(2+z)/z+\xi^2\}}} \tag{8.29}$$

ここで，だ円積分の公式から

$$\int_0^1 \frac{d\xi}{\sqrt{(a^2-\xi^2)(b^2+\xi^2)}} = CF(s,\phi) \tag{8.30}$$

ただし，$F(s,\phi)$ は第1種だ円積分であり，各パラメータは

$$C = \frac{1}{\sqrt{a^2+b^2}}, \quad s = \frac{a}{\sqrt{a^2+b^2}}, \quad \phi = \sin^{-1}\sqrt{\frac{1+b^2/a^2}{1+b^2}} \tag{8.31}$$

と与えられる．式 (8.29) と式 (8.30) の比較により

$$a^2 = 1, \quad b^2 = \frac{2+z}{z} \tag{8.32}$$

であることがわかる．よって

$$C = s = \sqrt{\frac{z}{2(1+z)}}, \quad \phi = \frac{\pi}{2} \tag{8.33}$$

となる．すなわち

$$T = \frac{4}{\omega_0}\frac{1}{\sqrt{1+z}}F\left(\sqrt{\frac{z}{2(1+z)}},\frac{\pi}{2}\right) \tag{8.34}$$

を得る．上式で $F(s,\pi/2)$ が現れたが，$\phi = \pi/2$ のときの第1種だ円積分を第1種完全だ円積分という．

b． $f(x) = \omega_0^2(x - \beta x^3)$ の場合

次に

$$f(x) = \omega_0^2(x - \beta x^3), \quad \beta > 0 \tag{8.35}$$

の場合を考える．A_v は

$$A_v = \omega_0 x_0\sqrt{1 - \beta x_0^2/2} \tag{8.36}$$

と計算される．また

$$\xi = \frac{x}{x_0}, \quad z = \beta x_0^2 \tag{8.37}$$

とおき，T を計算すると

$$T = \frac{4}{\omega_0}\sqrt{\frac{2}{z}}\int_0^1 \frac{d\xi}{\sqrt{(1-\xi^2)\{(2-z)/z-\xi^2\}}} \tag{8.38}$$

だ円積分の公式から

$$\int_0^1 \frac{d\xi}{\sqrt{(a^2-\xi^2)(b^2-\xi^2)}} = CF(s, \phi) \tag{8.39}$$

$$C = \frac{1}{b}, \quad s = \frac{a}{b}, \quad \phi = \sin^{-1}\frac{1}{a} \tag{8.40}$$

である．式 (8.38) と式 (8.39) の比較により

$$a^2 = 1, \quad b^2 = \frac{2-z}{z} \tag{8.41}$$

よって

$$C = s = \sqrt{\frac{z}{2-z}}, \quad \phi = \frac{\pi}{2} \tag{8.42}$$

すなわち，周期は

$$T = \frac{4}{\omega_0}\sqrt{\frac{2}{2-z}} F\left(\sqrt{\frac{z}{2-z}}, \frac{\pi}{2}\right) \tag{8.43}$$

で与えられる．

c. $f(x) = \omega_0^2 \sin x$ の場合

次に，振子系の場合

$$f(x) = \omega_0^2 \sin x \tag{8.44}$$

を考えよう．A_v は

$$A_v = \omega_0\sqrt{2(1-\cos x_0)} \tag{8.45}$$

と求められる．周期は以下のように計算できる．

$$T = \frac{4}{\omega_0}\int_0^{x_0} \frac{dx}{\sqrt{2(\cos x - \cos x_0)}}$$
$$= \frac{2}{\omega_0}\int_0^{x_0} \frac{dx}{\sqrt{\sin^2(x_0/2) - \sin^2(x/2)}} \tag{8.46}$$

ここで $s = \sin(x_0/2)$ と表し，新しい変数 ξ を以下により定義する．

$$\sin\left(\frac{x}{2}\right) = s \sin \xi \tag{8.47}$$

これから

$$dx = \frac{2s\cos\xi d\xi}{\sqrt{1-s^2\sin^2\xi}} \tag{8.48}$$

がわかる．これらを式 (8.46) に用いると

$$T = \frac{4}{\omega_0}\int_0^{\pi/2}\frac{d\xi}{\sqrt{1-s^2\sin^2\xi}} = \frac{4}{\omega_0}F\left(s,\frac{\pi}{2}\right) \tag{8.49}$$

を得る．

d. 第1種完全だ円積分の数値計算法

上述の周期を求める計算では

$$F\left(s,\frac{\pi}{2}\right) = \int_0^{\pi/2}\frac{d\xi}{\sqrt{1-s^2\sin^2\xi}}, \quad 0 \leq s < 1 \tag{8.50}$$

の計算が必要である．種々の s に対する数表が数学便覧などに示されているが，任意の s に対する積分を求めたい場合不都合である．ここでは，$F(s, \pi/2)$ を数値計算する方法として，Bulirsch が考案した算術幾何平均法を紹介する．この方法は次のような反復法である．

初期値として

$$a_0 = 1, \quad b_0 = \sqrt{1-s^2}, \quad c_0 = s \tag{8.51}$$

を与え，$i=1, 2, \cdots$, に対して以下を繰り返す．

$$\left.\begin{array}{l} a_i = (a_{i-1}+b_{i-1})/2 \\ b_i = \sqrt{a_{i-1}b_{i-1}} \\ c_i = (a_{i-1}-b_{i-1})/2 \end{array}\right\} \tag{8.52}$$

ε をあらかじめ決められた小さな正数として，$|c_i| < \varepsilon$ が成立した場合，$F(s, \pi/2)$ の近似値を

$$F\left(s,\frac{\pi}{2}\right) \simeq \frac{\pi}{2a_i} \tag{8.53}$$

として終了する．

一般に，この方法は収束が早く，数回の繰り返しで高精度の近似解が得られる．

8.3 自由振動の近似解法

a. 振動周期 T を利用した自由振動解

非線形系 (8.15), (8.17) の時間応答は, 振幅, 周期, 位相が厳密解に等しい次の調和振動で近似することができる.

$$x(t)=x_0 \cos \omega_1 t \tag{8.54}$$

$$\omega_1 = \frac{2\pi}{T} \tag{8.55}$$

ここで, T は式 (8.24) で求めた周期である. 波形近似の度合をみるには, 厳密解と近似解の速度振幅を比べるのも1つの方法である. すなわち

$$\mu = \frac{|x_0 \omega_1 - A_v|}{A_v} \tag{8.56}$$

を定義すれば, μ が小さいほど $x=0$ における v の近似が良いと判断できる.

b. 摂動法による自由振動解

振動系 (8.15) において, 復元力が

$$f(x) = \omega_0^2 x + \alpha f'(x) \tag{8.57}$$

と表されるとしよう. ただし, $f'(x)$ は x の3次以上の多項式であり, α は微小量とする. 摂動法は, x が $\alpha=0$ のときの振動解に近いと仮定した上で, x と ω_0^2 を α の多項式

$$x = \phi_0 + \alpha \phi_1 + \alpha^2 \phi_2 + \cdots + \alpha^n \phi_n \tag{8.58}$$

$$\omega_0^2 = \omega_1^2 + \alpha c_1 + \alpha^2 c_2 + \cdots + \alpha^n c_n \tag{8.59}$$

で表し, 未知関数 $\phi_0 \sim \phi_n$ と未知定数 $c_1 \sim c_n$ を決定する方法である.

摂動法の計算手順を説明するために次の具体的問題を考える.

$$\ddot{x} + \omega_0^2 (x + \alpha_1 x^3) = 0, \quad x(0) = x_0, \quad \dot{x}(0) = 0 \tag{8.60}$$

ここで, $\omega_0^2 \alpha_1 = \alpha$ とおき, 復元力を式 (8.57) の形にしておく.

$$\ddot{x} + \omega_0^2 x + \alpha x^3 = 0, \quad x(0) = x_0, \quad \dot{x}(0) = 0 \tag{8.61}$$

また, $n=2$, すなわち

$$x = \phi_0 + \alpha \phi_1 + \alpha^2 \phi_2 \tag{8.62}$$

$$\omega_0^2 = \omega_1^2 + \alpha c_1 + \alpha^2 c_2 \tag{8.63}$$

とする. このとき, 式 (8.62) から

$$\ddot{x} = \ddot{\phi}_0 + \alpha\ddot{\phi}_1 + \alpha^2\ddot{\phi}_2 \tag{8.64}$$

を得る. そして, 式 (8.62)〜(8.64) を式 (8.61) に代入して α^3 以上の項を無視すると

$$\ddot{\phi}_0 + \omega_1^2\phi_0 + \alpha(\ddot{\phi}_1 + \omega_1^2\phi_1 + c_1\phi_0 + \phi_0^3)$$
$$+ \alpha^2(\ddot{\phi}_2 + \omega_1^2\phi_2 + c_2\phi_0 + c_1\phi_1 + 3\phi_0^2\phi_1) = 0 \tag{8.65}$$

となる. 任意の微小量 α について上式が成立するためには, α の各係数が 0 でなければならないので次式を得る.

$$\ddot{\phi}_0 + \omega_1^2\phi_0 = 0 \tag{8.66}$$

$$\ddot{\phi}_1 + \omega_1^2\phi_1 = -c_1\phi_0 - \phi_0^3 \tag{8.67}$$

$$\ddot{\phi}_2 + \omega_1^2\phi_2 = -c_2\phi_0 - c_1\phi_1 - 3\phi_0^2\phi_1 \tag{8.68}$$

また, 初期条件から

$$\left.\begin{array}{l} x(0) = \phi_0(0) + \alpha\phi_1(0) + \alpha^2\phi_2(0) = x_0 \\ \dot{x}(0) = \dot{\phi}_0(0) + \alpha\dot{\phi}_1(0) + \alpha^2\dot{\phi}_2(0) = 0 \end{array}\right\} \tag{8.69}$$

であり, 任意の微小量 α についてこれが成り立つためには

$$\left.\begin{array}{l} \phi_0(0) = x_0, \quad \dot{\phi}_0(0) = 0 \\ \phi_1(0) = 0, \quad \dot{\phi}_1(0) = 0 \\ \phi_2(0) = 0, \quad \dot{\phi}_2(0) = 0 \end{array}\right\} \tag{8.70}$$

となる必要がある. 式 (8.66), (8.70) から, ϕ_0 は

$$\phi_0 = x_0 \cos \omega_1 t \tag{8.71}$$

と求められる. また

$$\cos^3\theta = \frac{1}{4}(3\cos\theta + \cos 3\theta) \tag{8.72}$$

に注意すれば, 式 (8.67) は

$$\ddot{\phi}_1 + \omega_1^2\phi_1 = -\left(c_1 x_0 + \frac{3x_0^3}{4}\right)\cos\omega_1 t - \frac{x_0^3}{4}\cos 3\omega_1 t \tag{8.73}$$

となる. もし上式の右辺に $\cos\omega_1 t$ の項があれば, 共振解が発生し解が発散することになるが, これは 8.2 節で述べたこと (厳密解は振幅 x_0 で振動する) に反するので, $\cos\omega_1$ の係数は 0 でなければならない. よって

$$c_1 = -\frac{3x_0^2}{4} \tag{8.74}$$

がわかる．このとき，式 (8.73) の一般解は次式で与えられる．

$$\phi_1 = C_1 \cos \omega_1 t + C_2 \sin \omega_1 t + \frac{x_0{}^3}{32\omega_1{}^2} \cos 3\omega_1 t \tag{8.75}$$

C_1, C_2 は，式 (8.70) から

$$C_1 = -\frac{x_0{}^3}{32\omega_1{}^2}, \quad C_2 = 0 \tag{8.76}$$

よって

$$\phi_1 = \frac{x_0{}^3}{32\omega_1{}^2}(\cos 3\omega_1 t - \cos \omega_1 t) \tag{8.77}$$

を得る．次に ϕ_2 を計算しよう．上で求めた ϕ_0, ϕ_1 を式 (8.68) に代入して整理すると

$$\ddot{\phi}_2 + \omega_1{}^2 \phi_2 = -x_0 \left(c_2 - \frac{3x_0{}^4}{128\omega_1{}^2}\right) \cos \omega_1 t - \frac{3x_0{}^5}{128\omega_1{}^2} \cos 5\omega_1 t \tag{8.78}$$

共振解を消去するため，$\cos \omega_1 t$ の係数を 0 とおくことによって

$$c_2 = \frac{3x_0{}^4}{128\omega_1{}^2} \tag{8.79}$$

を得る．このとき，式 (8.78) の一般解は次式となる．

$$\phi_2 = C_1 \cos \omega_1 t + C_2 \sin \omega_1 t + \frac{x_0{}^5}{1024\omega_1{}^4} \cos 5\omega_1 t \tag{8.80}$$

C_1, C_2 は，式 (8.70) から

$$C_1 = -\frac{x_0{}^5}{1024\omega_1{}^4}, \quad C_2 = 0 \tag{8.81}$$

よって

$$\phi_2 = \frac{x_0{}^5}{1024\omega_1{}^4}(\cos 5\omega_1 t - \cos \omega_1 t) \tag{8.82}$$

結局，x は，ϕ_0, ϕ_1, ϕ_2 を式 (8.62) に代入することによって

$$x = x_0 \cos \omega_1 t + \frac{ax_0{}^3}{32\omega_1{}^2}(\cos 3\omega_1 t - \cos \omega_1 t)$$

$$+ \frac{a^2 x_0{}^5}{1024\omega_1{}^4}(\cos 5\omega_1 t - \cos \omega_1 t) \tag{8.83}$$

と求まる．また，上で求めた c_1, c_2 を式 (8.63) に代入すると $\omega_1{}^2$ の表現は

$$\omega_1{}^2 = \omega_0{}^2 + \frac{3ax_0{}^2}{4} - \frac{3a^2 x_0{}^4}{128\omega_1{}^2} \tag{8.84}$$

となるが

$$-\frac{3a^2x_0^4}{128\omega_1^2} = -\frac{3a^2x_0^4}{128\omega_0^2} + O(a^3) \tag{8.85}$$

なので，a^3 以上の項を無視すれば，結局

$$\omega_1^2 = \omega_0^2 + \frac{3ax_0^2}{4} - \frac{3a^2x_0^4}{128\omega_0^2} = \omega_0^2\left(1 + \frac{3a_1x_0^2}{4} - \frac{3a_1^2x_0^4}{128}\right) \tag{8.86}$$

を得る．

式(8.83)，(8.86)において，a の 0 次，1 次，2 次までの項を残した表現は，それぞれ，解の 0 次（線形），1 次，2 次近似を与える．a の次数を増やせば一般に解の精度は改善されるが，次数の増加とともに急速に計算が煩雑となる．また，a は微小であるという前提条件があり，一般に高次項を追加しても解の改善度はわずかであるので，実用上 n は 2 までで十分である．

8.4 強制振動の近似解法

調和加振力を受ける次の振動系を考える．

$$\ddot{x} + 2\zeta\omega_0\dot{x} + f(x) = P\sin\omega t, \quad \zeta \geqq 0, \quad P > 0 \tag{8.87}$$

強制振動解の近似解を等価線形化法によって求めよう．解を

$$x = A\sin\theta, \quad \theta = \omega t - \varphi \tag{8.88}$$

と仮定し，$f(x)$ を次のように線形近似する．

$$f(A\sin\theta) \simeq B\sin\theta \tag{8.89}$$

x と $f(x)$ との間に位相差がないので，$\cos\theta$ の項が現れないことに注意されたい．B は，式 (8.89) に $\sin\theta$ をかけて，$0 \sim 2\pi$ の範囲で積分することにより

$$B = \frac{1}{\pi}\int_0^{2\pi} f(A\sin\theta)\sin\theta\, d\theta \tag{8.90}$$

と求まる．これによって式 (8.87) は

$$\ddot{x} + 2\zeta\omega_0\dot{x} + \frac{B}{A}x = P\sin\omega t \tag{8.91}$$

と線形近似表現された．また，この式は次のように表すこともできる．

$$\ddot{x} + 2\zeta_e\omega_e\dot{x} + \omega_e^2 x = P\sin\omega t \tag{8.92}$$

ω_e と ζ_e は，式 (8.91)，(8.92) の比較により

8.4 強制振動の近似解法

$$\left.\begin{array}{l}\omega_e{}^2 = \dfrac{B}{A} \\[6pt] \zeta_e = \zeta \dfrac{\omega_0}{\omega_e}\end{array}\right\} \quad (8.93)$$

と表され，いずれも振幅 A の関数となる．2章の結果を用いれば，A と φ は次式で表される．

$$A = \frac{P/\omega_e{}^2}{\sqrt{(1-\omega^2/\omega_e{}^2)^2 + 4\zeta_e{}^2 \omega^2/\omega_e{}^2}} \quad (8.94)$$

$$\varphi = \tan^{-1}\frac{2\zeta_e \omega/\omega_e}{1-\omega^2/\omega_e{}^2} \quad (8.95)$$

実際，A は式 (8.94) を解いて得られる．$P>0$ なので $A>0$ である．また，A がわかれば，式 (8.93)，(8.95) から φ が計算できる．

いま，振動系の復元力が

$$f(x) = \omega_0{}^2 (x + a_1 x^3) \quad (8.96)$$

で与えられた場合を考えよう．B は式 (8.90) から

$$B = \frac{\omega_0{}^2}{\pi}\int_0^{2\pi}(A\sin^2\theta + a_1 A^3 \sin^4\theta)d\theta$$

$$= \omega_0{}^2\left(A + \frac{3}{4}a_1 A^3\right) \quad (8.97)$$

と計算される．ここで，積分公式

$$\int_0^{2\pi}\sin^{2p}\theta d\theta = \frac{1\cdot 3\cdot 5\cdots(2p-1)}{2\cdot 4\cdot 6\cdots 2p}2\pi \quad (8.98)$$

を用いた．また，式 (8.97) を式 (8.93) に代入して

$$\left.\begin{array}{l}\omega_e{}^2 = \omega_0{}^2\left(1+\dfrac{3}{4}a_1 A^2\right) \\[6pt] \zeta_e{}^2 = \zeta^2\dfrac{\omega_0{}^2}{\omega_e{}^2}\end{array}\right\} \quad (8.99)$$

を得る．

次に A の方程式を調べよう．式 (8.94) を変形すると

$$\{(\omega_e{}^2 - \omega^2)^2 + 4\zeta_e{}^2 \omega_e{}^2 \omega^2\}A^2 = P^2 \quad (8.100)$$

上式に式 (8.99) を代入し整理すると

$$\left\{\omega_0^2\left(1+\frac{3}{4}\alpha_1 X\right)-\omega^2\right\}^2 X = P^2 - 4\zeta^2\omega_0^2\omega^2 X \qquad (8.101)$$

となる．ただし

$$A^2 = X \qquad (8.102)$$

とおいた．式 (8.101) の左辺を $Y_1(X)$，右辺を $Y_2(X)$ とおこう．両関数の交点の X 座標が式 (8.101) の実根である．$Y_1(X)$ は X の3次関数であり

$$Y_1(X) \begin{cases} \geq 0, & X>0 \\ \leq 0, & X<0 \end{cases} \qquad (8.103)$$

であることがわかる．一方，$Y_2(X)$ は，負の傾きをもち $(0, P^2)$ を通る X の1次関数である．したがって，実根は $X>0$ の範囲に1つから3つ（重根があれば重根を1つの根として数えて）存在し，これら正実根の正の平方根が与えられた ω, P に対する A である．ω, P を固定して，これらの関数を描いた例を図 8.3 に示す．この場合，3つの実根が存在する．

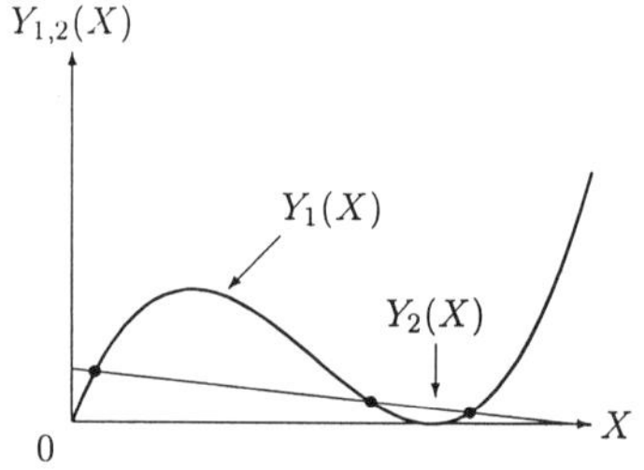

図 8.3 関数 $Y_1(X)$ と $Y_2(X)$

さて，ω-A 線図（振幅線図）を描く場合，通常，種々の ω に対して式 (8.101) を解いて A を求めるのであるが，3次方程式を解く作業を避けたい場合，以下の方法が使える．すなわち，A を与え，式 (8.101) を ω について解くという方法である．

いま

$$\omega^2 = \Omega \qquad (8.104)$$

とおき式 (8.101) を変形すれば

$$\Omega^2 - 2\omega_0^2\left(1+\frac{3}{4}\alpha_1 A^2 - 2\zeta^2\right)\Omega + \omega_0^4\left(1+\frac{3}{4}\alpha_1 A^2\right)^2 - \frac{P^2}{A^2} = 0 \qquad (8.105)$$

となる．この方程式の根は次のとおりである．

$$\Omega_{1,2} = \omega_0^2\left\{\left(1+\frac{3}{4}\alpha_1 A^2 - 2\zeta^2\right) \pm \sqrt{4\zeta^2\left(\zeta^2 - 1 - \frac{3}{4}\alpha_1 A^2\right) + \frac{P^2}{A^2\omega_0^4}}\right\} \qquad (8.106)$$

$\Omega_i, i \in \{1, 2\}$ が正の実数ならば，求める解は $\omega_i = \sqrt{\Omega_i}$ である．正実根がない場合，与えた A に対する ω_i は存在しない．A を変えて ω_i を計算し，振幅線図を

描くことができる．十分小さな A に対して，正実根は1つ存在するので，小さな A から出発し，徐々に A を増加させて ω_i を求めていく．

図8.4は振幅線図の例である．中央の太線は，A に対する ω_e を表し，**背骨曲線**と呼ばれる．背骨曲線の方程式は，$\omega=\omega_e$ から次式として求まる．

$$\frac{\omega}{\omega_0}=\sqrt{1+\frac{3}{4}\alpha_1 A^2} \tag{8.107}$$

ω_e と ζ_e が振幅 A に依存しているため，振幅線図は図のように複雑な形をしている．$\alpha_1>0$ の場合，背骨曲線は右に傾き，$\alpha_1<0$ の場合，左に傾く．それゆえ，ω を変えていくとき振幅の跳躍がみられる．図8.5（$\alpha_1>0$）の場合，ω を0から徐々に増加させると，A は abc と振幅線図に沿って大きくなり，c から d へドロップする．さらに ω を大きくすると，A は de と小さくなる．逆に，ω を徐々に減少させるとき，A は edf に沿って大きくなり，f から b へジャンプする．さらに ω を小さくすると，A は ba と小さくなる．このような振幅の不連続な変化を**跳躍現象**という．bc および df 間の ω で最初から加振した場合，いずれの振幅が発生するかは初期条件に依存する．また，この区間で外乱があり，振動が乱された場合，振幅の跳躍が起こりうる．cf 間の振動は不安定なもので実際にこの間の振幅をもつ持続振動が観測されることはない．

ここで扱った振動は，加振力と同じ ω の円振動数をもつ強制振動であるが，

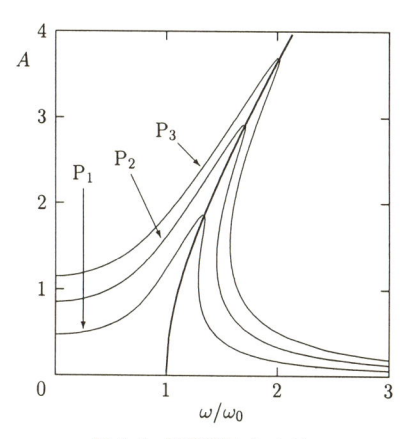

図 8.4 振幅線図 ($\alpha_1>0$)
$\alpha_1=0.3$, $\zeta=0.1$, $P/\omega_0^2=0.5(\mathrm{P}_1)$, $1(\mathrm{P}_2)$, $1.5(\mathrm{P}_3)$.

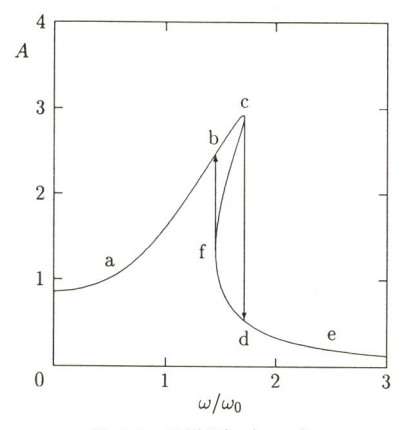

図 8.5 跳躍現象 ($\alpha_1>0$)

$f(x)$ が x^3 の項をもつとき，与える ω と初期条件によっては，$\omega/3$ の円振動数の強制振動（**分数調波振動**）や 3ω の円振動数の強制振動（**高調波振動**）が円振動数 ω の強制振動とともに発生しうることが知られている．このような現象も非線形系特有のものである．

問　題

1．振動系
$$\ddot{x} + x + 0.3x^3 = 0, \quad x(0) = 1, \quad \dot{x}(0) = 0 \tag{8.108}$$
の自由振動の周期を求めよ．また，摂動法の ω_1（0次，1次，2次）によって求めた周期と比較せよ．

2．振動系
$$\ddot{x} + x - 0.3x^3 = 0, \quad x(0) = 1, \quad \dot{x}(0) = 0 \tag{8.109}$$
の自由振動の周期を求めよ．また，摂動法の ω_1（0次，1次，2次）によって求めた周期と比較せよ．

3．式 (8.3)〜(8.5) の振子を振幅 $60°$ で振動させたときの周期を求めよ．また
$$\sin x \simeq x - \frac{x^3}{6}$$
と近似して摂動法の ω_1（0次，1次）によって求めた周期と比較せよ．

4．式 (8.3)〜(8.5) の振子について，以下の x_0 に対する μ の値（式 (8.56)）を計算し，x_0 が大きくなると μ がどのように変化するかを調べよ．
$$x_0 = 30°, \ 60°, \ 90°, \ 120°$$

5．式 (8.78) を導出せよ．

6．式 (8.85) を示せ．

7．$\zeta = 0$ の場合，式 (8.101) を A の3次方程式として表せ．また，この方程式の図式解法について考察せよ．

9 機械運動のアクティブコントロール

9.1 アクティブ制御の特徴

a. アクテイブ制御（能動制御）とは

アクティブ制御（背戸と鈴木，1986）は，制御対象となる機械構造体の外部から制振や制動に必要なエネルギーを積極的に供給する方式をいい，構造的には**センサ，アクチュエータ**，制御則を搭載する**コントローラ**の3部分からなる**フィードバック制御系**である．一方，アクティブ制御と対比される**パッシブ制御**（受動制御）は，このように外部から特別にエネルギを注入されることはなく，自身の力で制御する方式をいう．この方式は，制御対象の物理的性質を有効に使うものであるが，それは逆にそのような物理的制約に拘束されることを意味している．受動型制振要素として代表的なものは3章で説明した動吸振器などがあげられる．図9.1(a)はパッシブ制振要素としてのFe基Cr-Al合金に強磁性型吸振能をもたせた**実用防振合金 SIA**（KawabeとKuwahara，1981）の自由振動減衰曲線の例である．実用的には減衰能と相反する剛性との兼備が問題であり，**減衰能** $Q^{-1}(\cong \delta/\pi) \cong 0.023$（ヤング率は162 GPa）が得られる最高値である．しかし後述するようにアクティブ制振制御系では，剛性を保持したままこの7倍程度の減衰能を実現できる（同図(b)は対比するための低減衰材料の例である）．

b. アクティブ制御とパッシブ制御の特徴

アクティブ制御とパッシブ制御の構造的特徴について池田（1993）の扱いを参考にしてもう少し考えてみよう．線形系とした動力学的挙動は，次の2階行列微分方程式

$$\bar{M}\ddot{x}+\bar{D}\dot{x}+\bar{K}x=0 \qquad (9.1)$$

で表される．ここで各パラメータは質量行列 $\bar{M}=\bar{M}^T>0$（：**正定**）$\in R^{N \times N}$，減衰行列 $\bar{D}=\bar{D}^T \geq 0$（：**半正定**），剛性行列 $\bar{K}=\bar{K}^T \geq 0$（：半正定）を示し，**状**

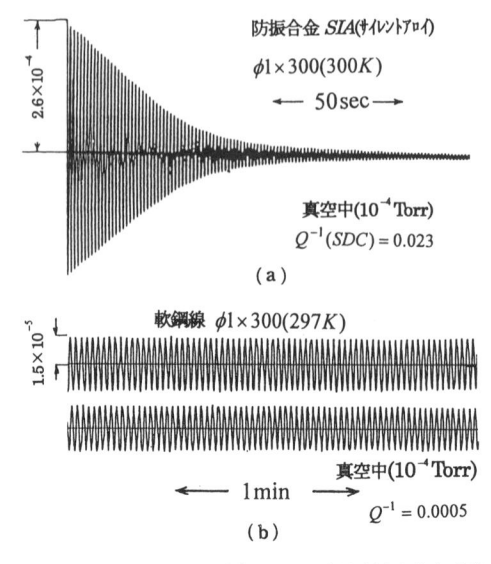

図 9.1 代表的パッシブ減衰要素としての実用高減衰合金 SIA の自由振動曲線(a)と低減衰材・軟鋼線の自由振動曲線(b)

態変数は $x \in R^N$ の N 次元ベクトルである．パッシブ制御は，式 (9.1) の系に適当な $\bar{M}, \bar{D}, \bar{K}$ 要素を付加して特性改善を図るもので，付加後の各要素 $\bar{M} = \bar{M}_a > 0$, $\bar{D} = \bar{D}_a \geq 0$, $\bar{K} = \bar{K}_a \geq 0$ の次元は上がるが正定，半正定の基本特性は保存されたままである．このことは，物理パラメータ調節により制御対象内に制振に適した「力の作用，反作用」の関係を作り直すことでしかなく，抜本的特性改善にはつながらないことを意味する（なお行列 A の正定 $(A>0)$ とは，対称行列 A について，A のすべての**固有値**が正であることに等しい．正定性の判定には例題 1 の**シルベスター判定条件**を考えればよい）．

それに対してアクティブ制御は，センサ，アクチュエータを用いたフィードバック制御系の構成より，パッシブ制御の特徴である「力の作用，反作用の世界」から脱脚して改善を図る手法である．いま制御対象を

$$\bar{M}\ddot{x} + \bar{D}\dot{x} + \bar{K}x = \bar{B}f \tag{9.2}$$

として，フィードバック制御力

$$f = -(D_f \dot{x} + K_f x) \tag{9.3}$$

を加える．その結果，式 (9.2) は

9.1 アクティブ制御の特徴

$$\bar{M}\ddot{x}+(\bar{D}+\bar{B}D_f)\dot{x}+(\bar{K}+\bar{B}K_f)x=0 \tag{9.4}$$

となり，動特性を決める減衰要素（$D_N=\bar{D}+\bar{B}D_f$）と剛性要素（$K_N=\bar{K}+\bar{B}K_f$）をある程度自由に改善できることになる（制御理論上は**可制御，可観測条件**（古田ら，1984）の成立が前提）．パッシブ制御と違って，D_N, K_N が対称行列になることはほとんどない．ただアクティブ制御系は制御回路に異常が生じると系が不安定になるおそれがある．一方パッシブ制御系では装置の一部が故障しても多少の性能劣化はあれ系が不安定になることはない．

図 9.2 にアクティブ制御系の構成例を示す．これは基本的には閉ループ制御系の安定化問題であり，制御対象モデリングの部分（振動理論）とコントローラに搭載する制御則（制御理論）との融合技術である．制御理論としては，ここで扱う**最適レギュレータ理論**（古田ら，1984）をはじめ，**線形ロバスト制御**理論としての H_∞ **制御理論**（美多，1994），非線形ロバスト制御理論としての **VSS 制御**理論(Utkin, 1977)や**スライデイングモード制御**理論（野波と田，1994）などが応用されている．なお**ロバスト性能**とはパラメータ変動やモデリング誤差が生じても設計した制御性能が依然として維持されうる能力をいい，パラメータ同定が複雑・困難で環境変動を受けやすい実機運動制御では重要な特性である．

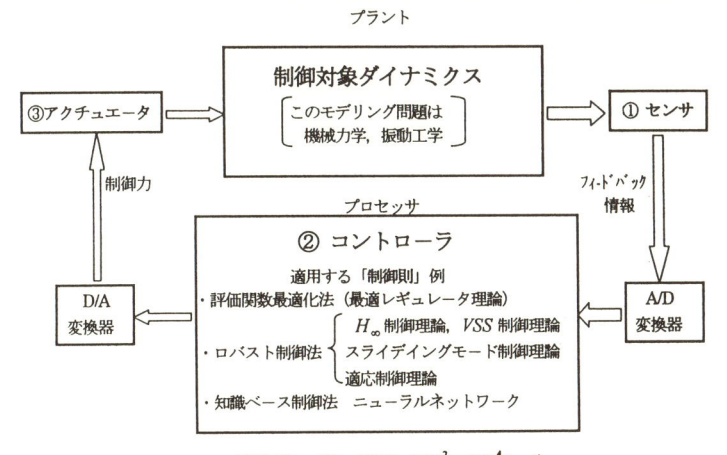

図 9.2 アクティブ制御系の構成図
センサ，アクチュエータ，フィードバックコントローラの 3 部分から構成される．

9.2 サスペンション系での能動制振と受動制振

車両のサスペンション（懸架装置）は路面からの伝ば振動の絶縁性能と「走行，ステアリング，停止」等の運動性能を兼備するものとして設計されている．ここでは永井（1993）の扱いを参考にして，図9.3，9.4に示す1自由度1/4車体モデル（厳密には x, y, z 方向とその軸回転の6自由度系）を用いて，**アクティブサスペンション**の振動絶縁の効能について考えてみよう．

まず図9.3（a）に示す**パッシブサスペンション**（受動型支持系）の振動絶縁特性について調べてみよう．路面変位を x_0，車体変位を x，外力を f_e とすれば

$$m\ddot{x}+c(\dot{x}-\dot{x}_0)+k(x-x_0)=f_e \tag{9.5}$$

これより路面変位 X_0 から車体変位 X への伝達特性としては，結局

$$\left|\frac{X}{X_0}\right|=\frac{\sqrt{1+(2\zeta p)^2}}{\sqrt{(1-p^2)^2+(2\zeta p)^2}} \tag{9.6}$$

の関係が得られる．ただし，$p=\omega/\omega_n$, $\omega_n=\sqrt{k/m}$, $\zeta=c/2\sqrt{mk}$ とする．この周波数特性を示すと（第1章でも述べたように）同図（b）のようになる．

（1） 振動絶縁の観点からみると支持ばね k は弱くする必要がある．しかし車体剛性の低下は慣性力に対して車体姿勢を崩れやすくさせ，操縦安定性の低下原因となる．

（2） またダンパ効果（ζ）を強めると共振問題は解決するが，同図（b）に示

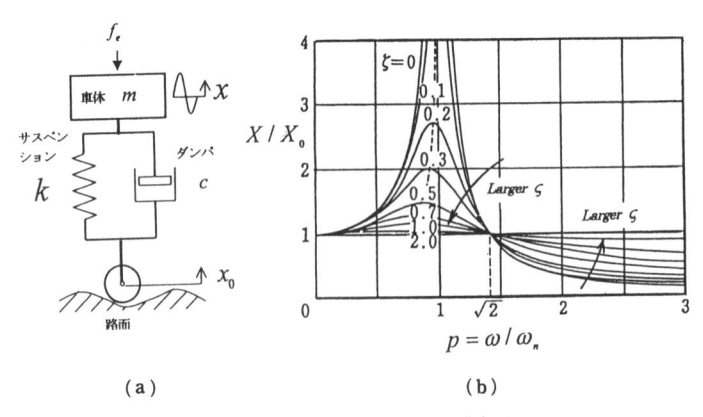

(a) (b)

図 9.3 受動型サスペンション構成図

9.2 サスペンション系での能動制振と受動制振

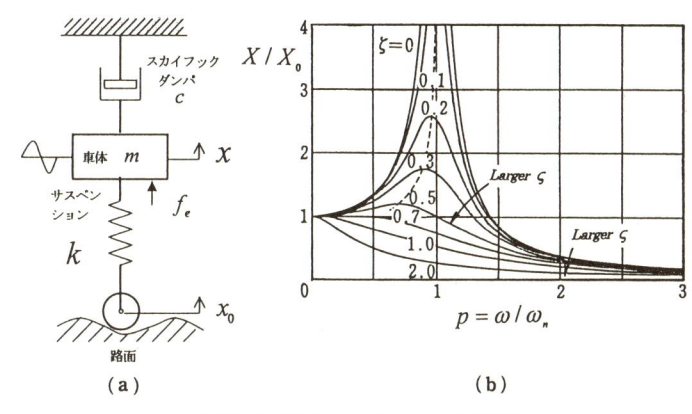

図 9.4 能動型サスペンション構成図

すように高周波域での振動伝達率が増大し安定性は低化する.

したがって，こうしたトレードオフ的相互効果が内在する受動支持系では振動絶縁向上に限界がある.

そこで図9.4(a)に示すように，車体とタイヤ間に挿入されたダンパの代わりに，空間に固定された**スカイフックダンパ**を車体につけてみる．運動は

$$m\ddot{x} + c\dot{x} + k(x - x_0) = f_e \quad (9.7)$$

であるので，路面から車体への振動変位伝達率は，結局

$$\left|\frac{X}{X_0}\right| = \frac{1}{\sqrt{(1-p^2)^2 + (2\zeta p)^2}} \quad (9.8)$$

この特性を同図(b)に示す．受動型系と比べて $\dot{x}_0$ 項がないため，c 効果を高めても振動周波数 p の全域にわたり振動伝達率は低下し，乗り心地も向上する．この仮想的スカイフックダンパは，式(9.7)において

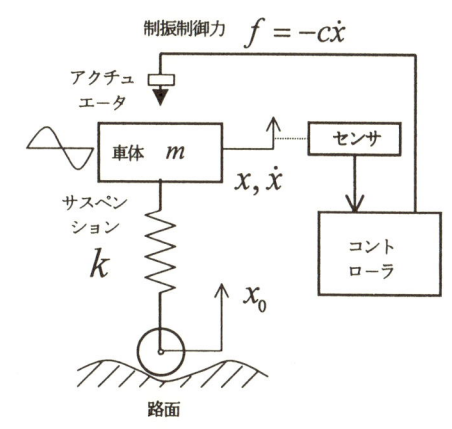

図 9.5 能動型サスペンション構成例

$$\left.\begin{array}{l} m\ddot{x} + k(x-x_0) = f + f_e \\ f = -c\dot{x} \end{array}\right\} \quad (9.9)$$

とおきかえると，図9.5に示すように制振制御力を $f=-c\dot{x}$ とするフィードバック制御系を構成することで実現できることがわかる．

これは車のサスペンション系での比較例であるが，アクティブ制振制御系の方がパッシブ型のそれと比べて絶縁性能が優れていることがわかる．

9.3 制御理論を使った振動の能動的制御

a. 古典制御理論による制振制御系の説明

振動制御の基本である1自由度無減衰振動系の制振制御問題をまず古典制御理論の立場から考えてみよう．図9.6に示すように，振動情報をフィードバックし，必要な制振制御力をプラント（制御対象）に返す仕組みはフィードバック制御系の基本である．制御対象の入・出力ダイナミクスは

$$m\ddot{x} + kx = u \quad (\text{制御力}) \quad (9.10)$$

一方，制御力 u は，プラント（振動体）からの変位 x および速度 $\dot{x}$ の情報をもとに，適当なゲイン（係数）K_1, K_2 を乗じて次の形で与えられる．

$$u = -(K_2\dot{x} + K_1 x) \quad (9.11)$$

車の運転例を考えると，人（コントローラの役割）は変位 x と速度 $\dot{x}$ の両方の情報をもとにハンドルやブレーキ操作（制御力 u に相当）を行って車（プラント）を安全に制御している．式（9.11）はこれを定式化したものの一例と考えるとよい．制御目標量は $x = x_d = 0$ であるので，式(9.10)，(9.11)をラプラス変換してブロック図に表すと図9.7のようになる．これを**アナログ計算機**用の結線回路図で示したものが図9.8である．問題はコントローラのゲイン K_1, K_2 の与え方であるが，詳細は次節で述べるとして，いま一例としてプラントパラメータを $m=1$ [kg]，$k=1$ [N/m] とおいて，表9.1のようにコントローラゲインを設定してみよう．これを用いたアナログ計算機シミュレーション結果を図9.9に示す．ゲイン値の小さい（b）の場合は制振性が悪く，ゲイン値の大きい（c）の場合には制振性がよいことがわかる．このような制振性の問題については次節の最適レギュレータ理論でも言及するが，古典制御の立場から特性方程式の根（**特性根**）の配置状況と**制御性**（**安定性**や**応答性**）との関係を少し考え

9.3 制御理論を使った振動の能動的制御

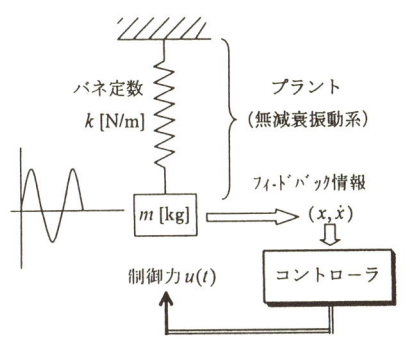

図 9.6 振動のフィードバック制御系

表 9.1 制御器ゲイン設定例

	(a)	(b)	(c)
K_1	0.414	0.0488	2.317
K_2	1.352	0.445	3.825

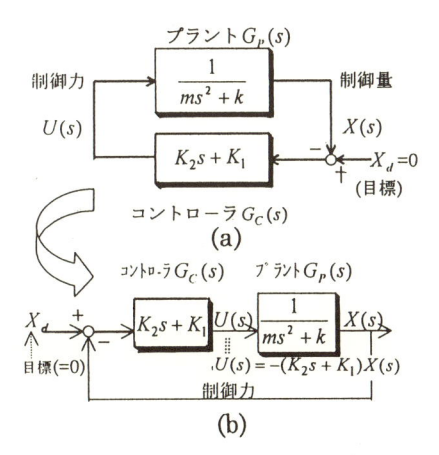

図 9.7 図9.6の系のシステム構成図 (b)は(a)の等価回路図．

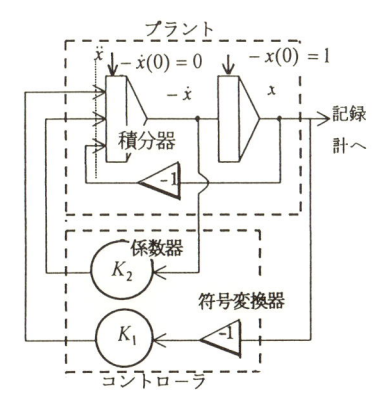

図 9.8 制振制御系 $\ddot{x} = -x + (-K_2 \dot{x} - K_1 x)$ のアナログ回路図

てみよう．

制御に関する基本的関係より，図9.7の全伝達関数は，プラント伝達関数を $G_P(s)$，コントローラ伝達関数を $G_C(s)$ とすれば

$$\frac{X(s)}{X_d(s)} = \frac{G_C(s)G_P(s)}{1 + G_C(s)G_P(s)} \tag{9.12}$$

であり，制御応答は特性方程式

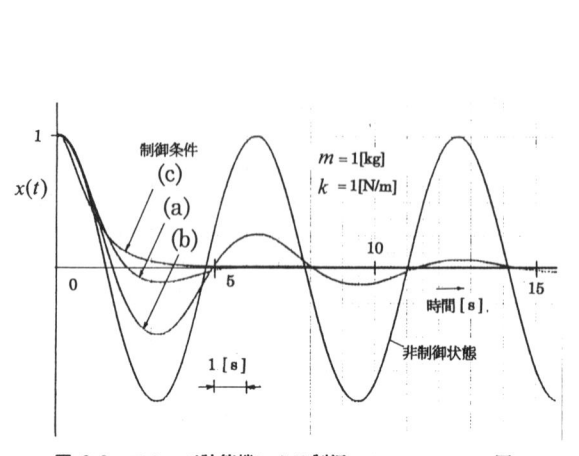

図 9.9 アナログ計算機による制振シミュレーション図

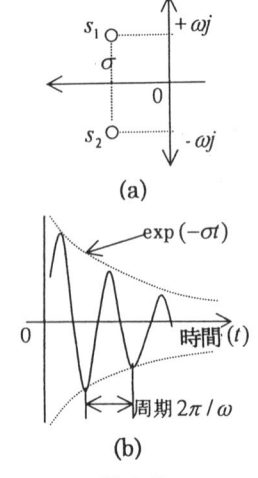

図 9.10
(a) 複素平面上での特性根の配置，(b) (a)に対応する時間応答特性.

$$1 + G_C(s)G_P(s) = 1 + (K_2 s + K_1)\frac{1}{ms^2 + k} = 0 \quad (9.13)$$

の根（特性根または式(9.12)の極）の位置に支配される．すなわち $m=1$ [kg], $k=1$ [N/m] とすれば

$$s^2 + K_2 s + 1 + K_1 = 0 \quad (9.14)$$

より，特性根は

$$\left.\begin{array}{c}s_1\\s_2\end{array}\right\} = -\frac{K_2}{2} \pm j\sqrt{1 + K_1 - \left(\frac{K_2}{2}\right)^2} = -\sigma(K_2) \pm j\omega(K_1, K_2) \quad (9.15)$$

となる．この特性根（極）の配置状況と時間応答特性の関係を示したものが図9.10である．根の実部（$-\sigma : \sigma > 0$）は時間領域では振動の減衰性（包絡線）を，虚部（ω）は円振動数にそれぞれ対応する関係にある．式(9.15)より，制御を施さないプラント特性のまま（$K_1 = K_2 = 0$）では特性根（$s_{1,2} = \pm j\omega_n = \pm j$）は虚軸上にあるが，フィードバック制御系を構築することにより特性根は左半平面に移ることになる．また特性根が左半面のより左に位置するほど高減衰系（すなわち安定）であり，また虚部が大きいほどより振動的な状態となることがわか

る．すなわちフィードバック制御系を構築することにより，減衰性と剛性の両特性を調節することができる．これがアクティブ制御系の特徴の1つである．

b. 現代制御理論（LR）による制振制御系の説明

現代制御理論の特徴は状態ベクトルの概念を導入し，プラントの記述に状態方程式を用いることである．前節の図9.6の系において，変位量 $x=x_1$，速度 $\dot{x}_1=x_2$ の関係におきかえると，式 (9.10) は

$$\left.\begin{array}{l}\dot{x}_1=x_2 \\ \dot{x}_2=-\dfrac{k}{m}x_1+\dfrac{1}{m}u\end{array}\right\} \tag{9.16}$$

となる．これをマトリックス形式で表現したものが状態方程式で，式 (9.16) は

$$\left.\begin{array}{l}\dot{x}=Ax+bu \\ A=\begin{bmatrix}0 & 1 \\ -k/m & 0\end{bmatrix},\quad b=\begin{bmatrix}0 \\ 1/m\end{bmatrix}\end{array}\right\} \tag{9.17}$$

となる．最適レギュレータ理論による状態フィードバック制御系の構成例を図9.11に示す．この理論の特徴であるコントローラの**最適ゲイン** $K=K_{\text{opt}}$ は，閉ループ制御系における次の**2次形式評価関数**

$$J(u)=\int_0^\infty (x^TQx+u^Tru)\,dt \tag{9.18}$$

を最小（$J_{\min}=x(0)^TPx(0)$）にする制御入力が

$$u=-K_{\text{opt}}x=-(r^{-1}b^TP)x \tag{9.19}$$

として決定される．ただし，重み行列，$Q \geqq 0$，重み係数 $r>0$，であり $P=P^T>0$ は次の**リカッチ方程式**の正定解である．

$$A^TP+PA-Pbr^{-1}b^TP+Q=0 \tag{9.20}$$

$(A,\ b)$ が可制御で $(Q^{1/2},\ A)$ が可観測ならば（$Q=Q^{1/2}Q^{1/2}$ とする），解 P は一意的に存在し，閉ループ制御系

$$\begin{aligned}\dot{x}&=Ax+b(-K_{\text{opt}})x \\ &=(A-bK_{\text{opt}})x\end{aligned} \tag{9.21}$$

は安定となる．$(A-bK_{\text{opt}})$ の極は Q,

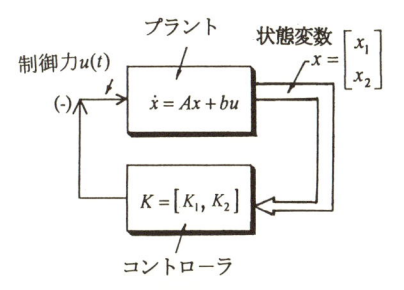

図 9.11 LQ 方式最適ゲインによる状態フィードバック制御系

r により決定される(古田ら, 1984). なお最適レギュレータ問題は, 線形制御対象に対して2次形式評価関数を最小化する問題であるので **LQ** (linear quadratic)**問題**ともいわれる. 前節の表9.1のゲインは, 評価関数の重み係数をそれぞれ, (a) $Q=\text{diag}[1, 1]$, $r=1$, (b) $Q=\text{diag}[0.1, 0.1]$, $r=1$, (c) $Q=\text{diag}[10, 10]$, $r=1$ の条件で式 (9.20) を求解して求めたものである.

〔例題 9.1〕

$$A=\begin{bmatrix} 0 & 1 \\ -1 & 0 \end{bmatrix},\ b=\begin{bmatrix} 0 \\ 1 \end{bmatrix},\ Q=\begin{bmatrix} 1 & 0 \\ 0 & 1 \end{bmatrix},\ r=1$$

として最適ゲイン $K_\text{opt}=[0.414, 1.352]$ (表9.1(a)のゲイン) となることを確かめよ.

〔解〕

$$P=\begin{bmatrix} p_1 & p_2 \\ p_2 & p_3 \end{bmatrix} > 0 \quad (\because 正定)$$

より, シルベスター判定条件

$$|p_1|=p_1>0 \quad ①, \quad \begin{vmatrix} p_1 & p_2 \\ p_2 & p_3 \end{vmatrix} = p_1 p_3 - p_2^2 > 0 \quad ②$$

を用いる. 式 (9.20) より

$$\begin{bmatrix} p_1 & p_2 \\ p_2 & p_3 \end{bmatrix}\begin{bmatrix} 0 & 1 \\ -1 & 0 \end{bmatrix} + \begin{bmatrix} 0 & -1 \\ 1 & 0 \end{bmatrix}\begin{bmatrix} p_1 & p_2 \\ p_2 & p_3 \end{bmatrix}$$
$$- \begin{bmatrix} p_1 & p_2 \\ p_2 & p_3 \end{bmatrix}\begin{bmatrix} 0 \\ 1 \end{bmatrix} 1^{-1} [0\ 1]\begin{bmatrix} p_1 & p_2 \\ p_2 & p_3 \end{bmatrix} + \begin{bmatrix} 1 & 0 \\ 0 & 1 \end{bmatrix} = \begin{bmatrix} 0 & 0 \\ 0 & 0 \end{bmatrix} \qquad (9.22)$$

したがって $p_2^2+2p_2-1=0$ ③, $p_1-p_3-p_2 p_3=0$ ④, $2p_2-p_3^2+1=0$ ⑤の関係を得る. ③より $p_2=-1\pm\sqrt{2}$ となるが, 正値 $p_2=-1+\sqrt{2}=0.414$ をとる. これと⑤より, $p_3=1.352$ となる. さらに④より $p_1=1.912$ を得る. p_1, p_2, p_3 がこれらの値をとると確かに行列 P は正定 ($P>0: p_1>0,\ p_1 p_3 - p_2^2 > 0$) となるので, 最適ゲインは

$$K_\text{opt}=r^{-1}b^T p = 1^{-1}[0\ 1]\begin{bmatrix} 1.912 & 0.414 \\ 0.414 & 1.352 \end{bmatrix} = [0.414\ \ 1.352] \quad ⑥$$

となり, 表9.1(a)と一致する.

9.3 制御理論を使った振動の能動的制御   133

図 9.12 縦型片持ちはり振動系

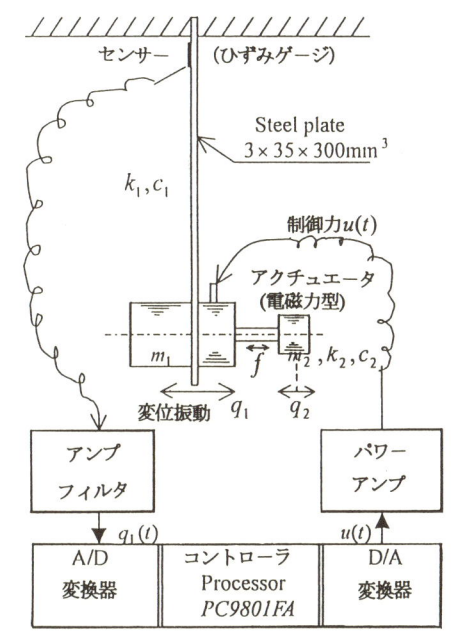

図 9.13 片持ちはり振動制振制御系

c. 実機制振制御系の構成例

次に図 9.12 に示す片持ちはり振動系に対する制振制御系の設計を現代制御の標準的手法であるオブザーバ併合最適レギュレータ理論に基づいて説明しよう．図 9.13 はその対応するシステム構成図を示す．**集中定数系モデリング法**で制振対象を表すと，図 9.14 に示すように，集中質量 m_1，はりのバネ定数 k_1，空気等の減衰係数 c_1 の主振動系にアクチュエータ機能のために導入された副振動系 (m_2–k_2–c_2) が付加した 2 自由度振動系になる．すなわち 2 自由度アクティブ動吸振器の構成問題となる．

m_1，m_2 の変位を q_1，q_2，また m_1，m_2 間の電磁的相互作用力（制振力）を f とすれば

$$\left. \begin{array}{l} m_1\ddot{q}_1 + c_1\dot{q}_1 + c_2(\dot{q}_1-\dot{q}_2) + (k_1+k_2)q_1 - k_2q_2 = f \\ m_2\ddot{q}_2 + c_2(\dot{q}_2-\dot{q}_1) + k_2(q_2-q_1) = -f \end{array} \right\} \quad (9.23)$$

の関係が得られる．さらに $c_1/m_1 = 2\zeta_1\omega_1$，$c_2/m_2 = 2\zeta_2\omega_2$，$k_1/m_1 = \omega_1^2$，$k_2/m_2 =$

$\omega_2{}^2$, $m_2/m_1=\alpha$, $(k_1+k_2)/m_1=\omega_{12}{}^2=\omega_1{}^2+\alpha\omega_2{}^2$, $f=k_f u$ (k_f は制御力 u に対する適当な変換係数) とすれば, 式 (9.23) は結局次の状態方程式となる.

$$\dot{x}=Ax+bu \tag{9.24}$$

ただし, 状態変数ベクトル x は,

$$x^T=[x_1,\ x_2,\ x_3,\ x_4]=[\dot{q}_1,\ \dot{q}_2,\ q_1,\ q_2] \tag{9.25}$$

$$A=\begin{bmatrix} -2\zeta_1\omega_1-2\zeta_2\omega_2\alpha & 2\zeta_2\omega_2\alpha & -\omega_{12}{}^2 & \omega_2{}^2\alpha \\ 2\zeta_2\omega_2 & -2\zeta_2\omega_2 & \omega_2{}^2 & -\omega_2{}^2 \\ 1 & 0 & 0 & 0 \\ 0 & 1 & 0 & 0 \end{bmatrix} \tag{9.26}$$

$$b^T=[k_f/m_1\ \ -k_f/m_2\ \ 0\ \ 0] \tag{9.27}$$

$$y=q_1=Cx=[0\ \ 0\ \ 1\ \ 0]\,x \tag{9.28}$$

この系は可制御であるので安定化に必要な制御則

$$u=-K_{opt}x \tag{9.29}$$

の最適ゲイン K_{opt} は, 特に次の加重型評価関数

$$J(u)=\int_0^\infty (x^T Qx+ru^2)e^{2\sigma t}dt \tag{9.30}$$

を最小にするように

$$K_{opt}=r^{-1}b^T P \tag{9.31}$$

として与えられる. ただし, $P=P^T>0$ は次のリカッチ方程式

$$(A+\sigma I)^T P+P(A+\sigma I)-Pbr^{-1}b^T P+Q=0 \tag{9.32}$$

の正定解である. 式(9.30)は, 式(9.18)と比べて安定性をより保証するための $e^{2\sigma t}$ が入っているという特徴をもつ.

ここで注意すべきは, 式(9.25)で示すように, フィードバック制御に必要な情報は $\dot{q}_1$, $\dot{q}_2$, q_1, q_2 の4量であるが, 実際に観測される量 $y=q_1$ ははりの固定端近くに貼られた抵抗線ひずみゲージから

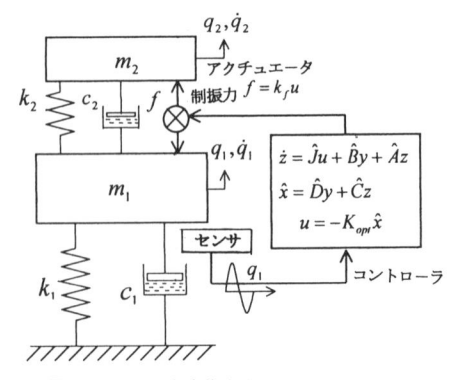

図 9.14 2自由度集中定数表現の制振制御系

の m_1 の変位情報 q_1 のみである．したがって残りの3量 $\dot{q}_1, \dot{q}_2, q_2$ は推定された量 $\hat{\dot{q}}_1, \hat{\dot{q}}_2, \hat{q}_2$ を代替して用いる．このために**最小次元観測器**の設計がさらに必要となる．ここでは**ゴピナス法**による設計例を簡単に説明しよう．最小次元（この場合3次元）観測器の設定極（閉ループ制御系（$A-bK_\text{opt}$）の極よりさらに安定（複素左半面においてより左側に）となるように設定）を $\lambda_1=-P_1, \lambda_{2,3}=-P_2\pm jQ_2$ とするとき，推定量 $\hat{x}$ は

$$\begin{aligned}\dot{z}&=\hat{A}z+[\hat{B},\ \hat{J}][y,\ u]^T\\ \hat{x}&=\hat{D}y+\hat{C}z\end{aligned} \right\} \qquad (9.33)$$

で与えられる．ここに

$$\hat{A}=\begin{bmatrix}-2\zeta_1\omega_1-2\zeta_2\omega_2\alpha-l_1 & 2\zeta_2\omega_2\alpha & \omega_2^2\alpha\\ 2\zeta_2\omega_2-l_2 & -2\zeta_2\omega_2 & -\omega_2^2\\ -l_3 & 1 & 0\end{bmatrix} \qquad (9.34)$$

$$\hat{B}=\begin{bmatrix}-\omega_1^2-\omega_2^2\alpha+(-2\zeta_1\omega_1-2\zeta_2\omega_2\alpha-l_1)l_1+2\zeta_2\omega_2\alpha l_2+\omega_2^2\alpha l_3\\ \omega_2^2+(2\zeta_2\omega_2-l_2)l_1-2\zeta_2\omega_2l_2-\omega_2^2l_3\\ -l_1l_3+l_2\end{bmatrix}$$
$$(9.35)$$

$$\hat{J}^T=[k_f/m_1\quad -k_f/m_2\quad 0] \qquad (9.36)$$

$$\hat{C}=\begin{bmatrix}1 & 0 & 0\\ 0 & 1 & 0\\ 0 & 0 & 0\\ 0 & 0 & 1\end{bmatrix} \qquad (9.37)$$

$$\hat{D}^T=[l_1\quad l_2\quad 1\quad l_3] \qquad (9.38)$$

$$\begin{bmatrix}l_1\\ l_2\\ l_3\end{bmatrix}=\begin{bmatrix}P_1+2P_2-2\zeta_2\omega_2(1+\alpha)-2\zeta_1\omega_1\\ \{-\omega_2^2(P_1+2P_2)+2\zeta_2\omega_2^3(1+\alpha)+P_1P_2^2+P_1Q^2\}/\omega_2^3\alpha\\ \{-\omega_2^3+\omega_2(P_2^2+2P_1P_2+Q^2)-2\zeta_2(P_1P_2^2+P_1Q^2)\}/\omega_2^3\beta\end{bmatrix} \qquad (9.39)$$

システムパラメータを $\omega_1=27.526$ [rad/s], $\zeta_1=0.00289$, $\omega_2=157.079$ [rad/s], $\zeta_2=0.0571$, $\alpha=1/12$ とし，上述の観測器の極は $\lambda_1=-20, \lambda_{2,3}=-19\pm j19$ に設定した場合のシミュレーション結果を図9.15に示す．同図（III）の設計条件 $\sigma=5$, $Q=\text{diag}[10,\ 10,\ 10,\ 10]$, $r=1$ において，*SDC* (**比減衰能**) 表示の減衰能† は

---

† 対数減衰率 δ とは，低 ζ 系では $Q^{-1}=\delta/\pi$ の関係がある．

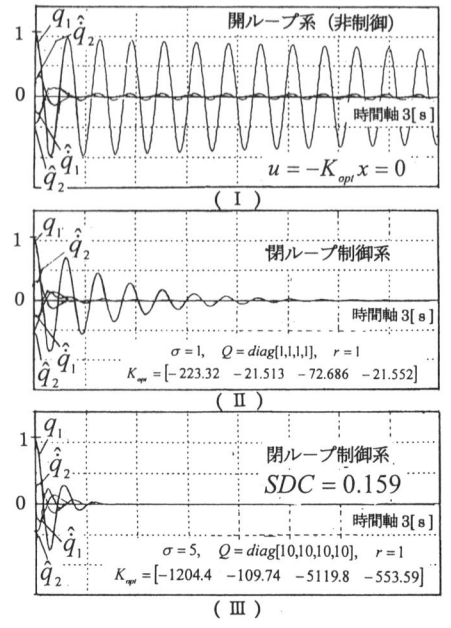

図9.15 制振シミュレーション応答解析

$$SDC = Q^{-1}(1/2\pi)(A_n^2 - A_{n+1}^2)/A_n^2 = 0.159 \quad (9.40)$$

である．表9.2, 9.3に設計条件と減衰能，および最適ゲインの関係を示す．

図9.16は，図9.15 (Ⅲ) の条件で実機制振制御した結果を示す．この場合，アクティブ制振制御に基づく減衰能は $Q^{-1}=0.157$ で，これは図9.1で説明した防振合金 SIA の約7.8倍も高い．また図9.17は，共振状態での制振制御効果を調べたものである．アクティブ減衰能は共振振幅を約1/13に抑えることがわかる．

なおこのアクティブ動吸振器系は，主振動系 ($m_1 - k_1 - c_1$) を建造物，副振動系 ($m_2 - k_2 - c_2$) を制振力発生部と想定すれば高層ビルのアクティブマスダンパ

表9.2 減衰能 SDC の設計パラメータ依存性

		$\sigma=1$	$\sigma=3$	$\sigma=5$
	1	SDC=0.095	0.149	0.157
$Q[i,i]=$	5	0.096	0.156	0.157
	3	0.096	0.149	0.157
$R=1$	10	0.096	0.150	0.159

表9.3 最適制御ゲイン

	$\sigma=1$	$\sigma=3$	$\sigma=5$
$K(1)$	-223.32	-710.51	-1200.4
$K(2)$	-21.513	-65.472	-109.74
$K(3)$	-72.686	-1711.5	-5119.8
$K(4)$	-21.552	-204.83	-553.59

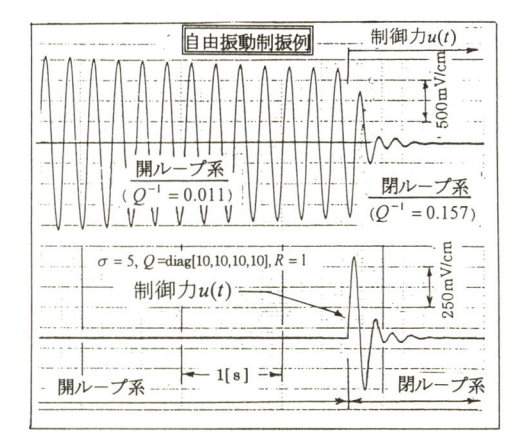

図 9.16 実機制振制御結果（自由振動状態）

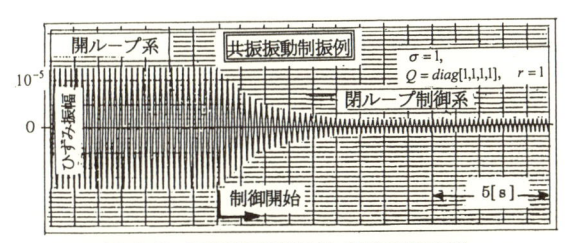

図 9.17 実機制振制御結果（共振振動状態）

(AMD)（阿比留，1992）の原理的理解につながる．

9.4 クレーン系の運動と振動の同時制御

a．モデリングと制御則

さて最後に，クレーンモデルを使い，多自由度機械運動に対するアクティブ制御効果を認識できる台車変位と振子振動の同時制御問題について考えてみよう．

図 9.18 は走行クレーンの運動モデルである．台車の質量を M [kg]，重力加速度を g [m/s²]，台車の水平変位を x [m]，台車とレール間の**等価粘性係数**を F [Ns/m]，モータ入力電圧を u [V]，トルク変換係数を a [N/V]，振子の質量を m [kg]，振子の角度を θ [rad]，振子長を l [m]，振子の重心まわりの慣

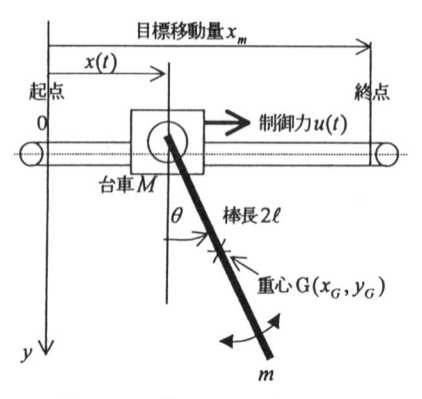

図 9.18 走行クレーンの運動モデル

性モーメントを J [kgm²]，振子の等価粘性係数を c [Nms] とする．この系は x，θ の2自由度系である．したがって，4章で勉強したラグランジュ法にしたがってまず運動方程式を求めてみよう．振子の重心座標は $x_G = x + l\sin\theta$，$y_G = l\cos\theta$ であるので，系の運動エネルギ T は

$$T = \frac{1}{2}M\dot{x}^2 + \frac{1}{2}J\dot{\theta}^2 + \frac{1}{2}m(\dot{x}_G{}^2 + \dot{y}_G{}^2)$$

$$= \frac{1}{2}M\dot{x}^2 + \frac{1}{2}J\dot{\theta}^2 + \frac{1}{2}m(\dot{x}^2 + 2l\dot{x}\dot{\theta}\cos\theta + l^2\dot{\theta}^2) \quad (9.41)$$

一方，系のポテンシャルエネルギ U は

$$U = mgl(1 - \cos\theta) \quad (9.42)$$

また系の散逸エネルギ D_d は

$$D_d = \frac{1}{2}F\dot{x}^2 + \frac{1}{2}c\dot{\theta}^2 \quad (9.43)$$

したがってラグランジュ関数を $L = T - U$ とするとき

$$\left.\begin{array}{l}\dfrac{d}{dt}\left(\dfrac{\partial L}{\partial \dot{x}}\right) - \left(\dfrac{\partial L}{\partial x}\right) + \dfrac{\partial D_d}{\partial \dot{x}} = au \\[2mm] \dfrac{d}{dt}\left(\dfrac{\partial L}{\partial \dot{\theta}}\right) - \left(\dfrac{\partial L}{\partial \theta}\right) + \dfrac{\partial D_d}{\partial \dot{\theta}} = 0\end{array}\right\} \quad (9.44)$$

より，水平方向では

$$(M+m)\ddot{x} + ml\ddot{\theta}\cos\theta - ml\dot{\theta}^2\sin\theta + F\dot{x} = au \quad (9.45)$$

回転軸方向では

9.4 クレーン系の運動と振動の同時制御

$$(J+ml^2)\ddot{\theta}+ml\ddot{x}\cos\theta+mgl\sin\theta+c\dot{\theta}=0 \quad (9.46)$$

の関係が得られる．いま θ 微小の範囲で $\sin\theta\cong\theta$, $\cos\theta\cong1$ とおき，2次以上の微小項を無視して線形近似すれば，結局

$$\left.\begin{array}{l}\dot{x}=Ax+bu\\ y=Cx\end{array}\right\} \quad (9.47)$$

の状態方程式を得る．ただし

$$x=[x \quad \theta \quad \dot{x} \quad \dot{\theta}]^T \quad (9.48)$$

$$A=\begin{bmatrix}0 & 0 & 1 & 0\\ 0 & 0 & 0 & 1\\ 0 & -s_1\dfrac{\gamma\delta}{\varepsilon\alpha} & -\left(\dfrac{\gamma^2 F}{\varepsilon\alpha^2}+\dfrac{F}{\alpha}\right) & \dfrac{\gamma c}{\varepsilon\alpha}\\ 0 & s_1\dfrac{\delta}{\varepsilon\alpha^2} & \dfrac{\gamma F}{\varepsilon\alpha} & -\dfrac{c}{\varepsilon}\end{bmatrix} \quad (9.49)$$

$$b=\begin{bmatrix}0 & 0 & \dfrac{\gamma^2 a}{\varepsilon\alpha}+\dfrac{a}{\alpha} & -\dfrac{\gamma a}{\varepsilon\alpha}\end{bmatrix}^T \quad (9.50)$$

$$\left.\begin{array}{l}\alpha=M+m, \quad \beta=J+ml^2, \quad \gamma=ml\\ \delta=mgl, \quad \varepsilon=\beta-(\gamma^2/\alpha) \quad s_1=-1\end{array}\right\} \quad (9.51)$$

$$C=\begin{bmatrix}1 & 0 & 0 & 0\\ 0 & 1 & 0 & 0\end{bmatrix} \quad (9.52)$$

次にこの系が可制御，可観測であることを確認して図9.19に示す観測器併合LQ制御系を構築する．可制御とは制御力 u がすべての状態 $(x, \dot{x}, \theta, \dot{\theta})$ に影響を及ぼしうることをいい，**可制御性行列** N のランク（階数）で判定される．すなわち $A\in R^{n\times n}$, $B\in R^{n\times r}$, $C\in R^{p\times n}$ とするとき

$$rank\{N\}=rank\{[B \quad AB \quad A^2B \cdots A^{n-1}B]\}=n \quad (9.53)$$

が成り立てば，系は可制御である．また可観測条件は**可観測性行列**を M とするとき次式で与えられる．

$$rank\{M\}=rank\{[C^T \quad (A^T)C^T \quad (A^T)^2C^T \cdots (A^T)^{n-1}C^T]\}=n \quad (9.54)$$

最適レギュレータゲイン K_{opt} は，前述と同様（式 (9.18)～(9.20)）に求める．また，状態量 $x=[x \quad \theta \quad \dot{x} \quad \dot{\theta}]^T$ のうち，測定状態量を $\bar{x}_1=[x, \theta]^T$，未知状態量を $\bar{x}_2=[\dot{x}, \dot{\theta}]^T$ とおくと，式 (9.47) は

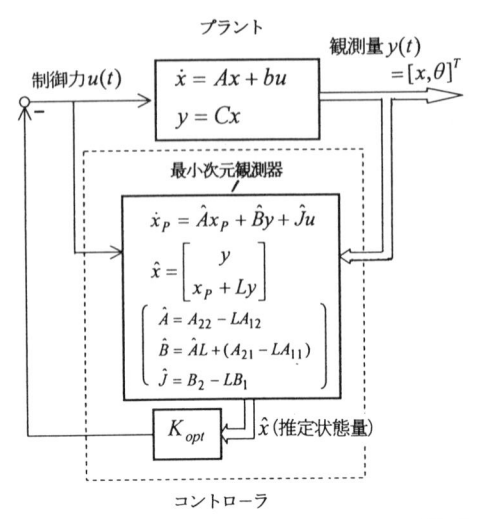

図 9.19 最小次元観測器併合最適レギュレータ制御系

$$\begin{aligned}\dot{x} &= \begin{bmatrix} \dot{\bar{x}}_1 \\ \dot{\bar{x}}_2 \end{bmatrix} = \begin{bmatrix} A_{11} & A_{12} \\ A_{21} & A_{22} \end{bmatrix} \begin{bmatrix} \bar{x}_1 \\ \bar{x}_2 \end{bmatrix} + \begin{bmatrix} B_1 \\ B_2 \end{bmatrix} u \\ y &= \bar{x}_1 = \begin{bmatrix} I & 0 \end{bmatrix} \begin{bmatrix} \bar{x}_1 \\ \bar{x}_2 \end{bmatrix} \end{aligned} \quad (9.55)$$

となる．これをもとに，$\hat{x} = [\bar{x}_1, \hat{\bar{x}}_2]^T$ を推定するための最小次元観測器を構築すると図 9.19 のようになる．ただし L は観測器の安定化ゲインである．

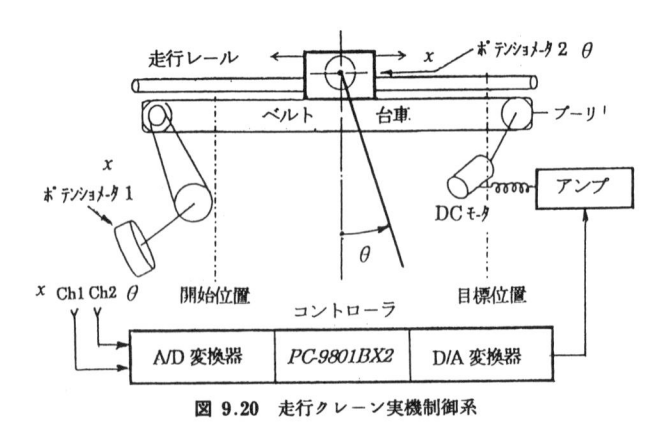

図 9.20 走行クレーン実機制御系

表 9.4

(I) LQ 設計条件

$r=1$	x	θ	$\dot{x}$	$\dot{\theta}$
	q_1	q_2	q_3	q_4
条件(a)	100	0	0	0
条件(b)	100	100	5	5
条件(c)	100	100	100	100

(II) 最適ゲイン $K_{opt}=[K_1, K_2, K_3, K_4]$

	x	θ	$\dot{x}$	$\dot{\theta}$
	K_1	K_2	K_3	K_4
条件(a)	$1.00 \times d^{+01}$	$6.45 \times d^{-03}$	$1.35 \times d^{+00}$	$1.05 \times d^{-03}$
条件(b)	$1.00 \times d^{+01}$	$-1.28 \times d^{+01}$	$5.08 \times d^{+00}$	$-3.59 \times d^{-01}$
条件(c)	$1.00 \times d^{+01}$	$-9.63 \times d^{+00}$	$4.14 \times d^{+00}$	$2.55 \times d^{-01}$

(表中の d は $d=10$ を示す)

b. 実機制御系とパラメータ同定

図 9.20 に実機 (ジャパン E・M 製) のシステム構成図を示す. システムの**パラメータ同定**をした結果, $M=4.4$ [kg], $F=19.2$ [Nm/s], $a=18.4$ [N/V], $g=9.8$ [m/s²], $l=0.195$ [m], $m=0.0395$ [kg], $J=2.002689\times 10^{-3}$ [kgm²], $c=1.979231\times 10^{-3}$ [Nms] である. したがって

$$A = \begin{bmatrix} 0 & 0 & 1 & 0 \\ 0 & 0 & 0 & 1 \\ 0 & 0.03751 & -4.34137 & 0.00098 \\ 0 & -21.6206 & 9.54136 & -0.5669 \end{bmatrix},$$
$$b = [0 \ 0 \ 4.1605 \ -9.1438]^T, \quad C = \begin{bmatrix} 1 & 0 & 0 & 0 \\ 0 & 1 & 0 & 0 \end{bmatrix} \quad (9.56)$$

振子棒は DC サーボモータ (ツカサ電気製 TG 10 B-DM 12.5-KA (24 V)) により駆動される台車に角度 θ 検出用のポテンショメータ 2 とともに取り付けられている. ポテンショメータ 1 は台車変位 x の検出用である. これらフィードバック情報は A/D 変換器 (12 bit 精度) より LQ 制御則搭載のコントローラ (PC 9801 BX 2) に取り込まれ, 制御力 u となって D/A 変換器を経てモータに作用する. この**サンプリング周期**は $T_s=0.000326$ [s] である. 主プログラムは

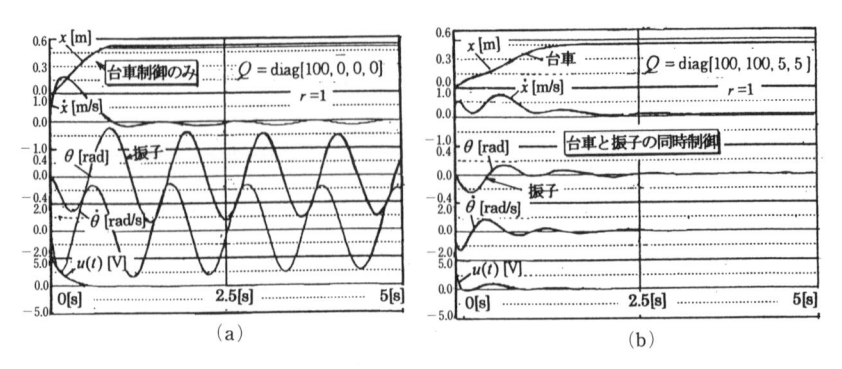

図 9.21　実機制御応答

C言語を，変換器部はマシン語を用いた．

c. 実験結果

制御性能の検討の一例として，表9.4（Ⅰ）に最適レギュレータ設計条件，（Ⅱ）に対応する最適ゲインを示す．条件（a）は台車の位置制御のみを評価した場合を表す．条件（b）は運動状態のうちx，θ量を評価する場合であり，条件（c）は（b）に比べて$\dot{x}$，$\dot{\theta}$量を評価する場合である．図9.21（a），（b）に，表9.4の条件（a），（b）に対応する実験結果を示す．

問　題

1. 図9.22に示す制振制御系を最適レギュレータ理論により制御器（ゲインk_1, k_2）を設計せよ．ただし，評価関数

$$J(u)=\int_0^\infty (x^T Qx + ru^2)dt$$

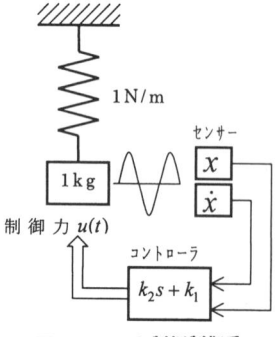

図 9.22　LQ制振制御系

表 9.5

	(a)	(b)	(c)
K_1	0.414	0.0488	2.317
K_2	1.352	0.445	3.825

問 題

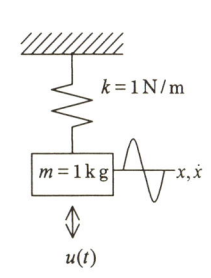

図 9.23 無減衰振動系

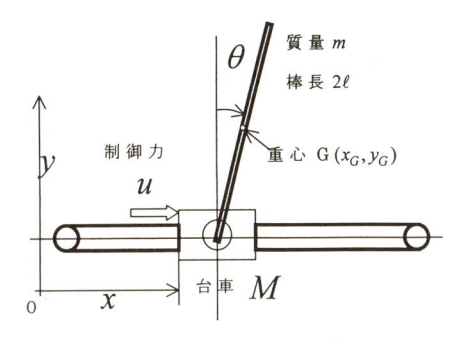

図 9.24 倒立振子運動系

において，入力の重み係数 $r=1$ とし，一方状態 $x=[x, \dot{x}]^T$ の重み行列の方は

$$① \quad Q = \begin{bmatrix} 0.1 & 1 \\ 1 & 0.1 \end{bmatrix}, \quad ② \quad Q = \begin{bmatrix} 10 & 0 \\ 0 & 10 \end{bmatrix}$$

の各場合について求めよ．

2．図 9.22 に示す LQ 制振制御系の最適ゲイン $K_{opt}=[K_1, K_2]^T$ が表 9.5 のように与えられたとする．各場合について特性根 s_1, s_2 (式 (9.14)，(9.15) 参照) を求め，複素平面上にプロットせよ．また図 9.10 を参考にして特性根の複素平面上の位置と時間応答（制御性）との関係を検討してみよう．

3．アクティブ制振制御系が設計できるための条件は，代表的線形制御である LQ 制御系の場合，可制御条件

$$\text{rank}\{M\} = \text{rank}\{[B \quad AB \quad A^2B \cdots A^{n-1}B]\} = n$$

および可観測条件

$$\text{rank}\{M\} = \text{rank}\{[C^T \quad (A^T)C^T \quad (A^T)^2C^T \cdots (A^T)^{n-1}C^T]\} = n$$

が成立することである．図 9.23 に示す無減衰振動系のパラメータは

$$\dot{x} = Ax + bu, \quad y = Cx, \quad A = \begin{bmatrix} 0 & 1 \\ -1 & 0 \end{bmatrix}, \quad b = \begin{bmatrix} 0 \\ 1 \end{bmatrix}, \quad C = [1 \quad 0]$$

である．この系の可制御性，可観測性を確認せよ．

4．9.4 節の，クレーンの運動制御系において，表 9.4 の条件（c）に示すように，評価関数 $J(u) = \int_0^\infty (x^T Q x + r u^2) dt$ の重み行列 Q の $\dot{x}$，$\dot{\theta}$ 対応成分 q_3, q_4 を大きくすると（すなわち $Q = \text{diag}\,[100, 100, 100, 100]$) 振子の制振性や台車の制御性は表 9.4 の条件（b）と比べてどうであろうか．評価関数の意味合いから考察してみよう．

5．図 9.24 は，倒立振子運動モデルである．9.4 節のクレーン系で振子が倒立した形である．ラグランジュ法により，この系の運動方程式を求め，線形近似下での状態方程式（式 (9.47)～(9.52) 相当）を示せ．

問題の解答

[2 章]

1. $k=0.1$ N/mm, $k_t=51.5$ N·mm

2. $f_n=\dfrac{1}{2\pi}\sqrt{\dfrac{k(2K+k)}{2m(K+k)}}$

3. $f_n=1.19$ Hz   4. $f_n=f/\sqrt{2}$ 5. $k_t=ka^2+\dfrac{\pi G}{32}\left(\dfrac{d_1^4}{l_1}+\dfrac{d_2^4}{l_2}\right)$

6. 回転運動の方程式は, $I\ddot{\theta}+(kl^2/8)\theta=0$

   したがって, $f_n=\dfrac{1}{2\pi}\sqrt{\dfrac{kl^2/8}{I}}=\dfrac{1}{2\pi}\sqrt{\dfrac{3k}{8m}}$ $\left(I=\dfrac{1}{3}ml^2\right)$

7. $f_n=\dfrac{1}{2\pi}\sqrt{\dfrac{k}{m+I/r^2}}$ 8. $f_n=\dfrac{1}{2\pi}\dfrac{a}{l}\sqrt{\dfrac{k}{m}}$

9. テーパはりの密度 ρ, 幅を b とすれば, ピボット端まわりの慣性モーメントは,
$$I=\int_0^l x^2\rho b\left(h_0-\dfrac{h_0-h_1}{l}x\right)dx=\dfrac{1}{6}\dfrac{h_0+3h_1}{h_0+h_1}ml^2$$
したがって, $f_n=\dfrac{1}{2\pi}\sqrt{\dfrac{6k}{m}\dfrac{h_0+h_1}{h_0+3h_1}}$

10. $I=\left(\dfrac{T}{2\pi}\right)^2\dfrac{mgr^2}{l}$ 11. $f_n=\dfrac{1}{2\pi}\sqrt{\dfrac{g}{l}+\dfrac{2ka^2}{ml^2}}$

12. $T=2\pi\sqrt{\dfrac{l}{2g}}$ 13. $\zeta=0.057$, $\delta=0.36$, $\omega_d=25.8$ rad/s, $c=8.83$ Ns/m

14. $ml^2\ddot{\theta}+cb^2\dot{\theta}+ka^2\theta=0$

    これより, $\omega_d=\dfrac{a}{l}\sqrt{\dfrac{k}{m}}\sqrt{1-\dfrac{b^4c^2}{4a^2l^2mk}}$, $c_c=2\dfrac{al}{b^2}\sqrt{mk}$

15. (a) 放物線 $x=2+\dfrac{1}{4}v^2$, (b) だ円 $\dfrac{x^2}{a^2}+\dfrac{v^2}{(2a)^2}=1$, (c) 直線 $v=-3x$

16. 摩擦力 $F=250$ N, 摩擦係数 $\mu=0.255$, 固有振動数 $f_n=\omega_n/2\pi=11.3$ Hz

17. 振動回数 $n=3$ 回, 摩擦係数 $\mu=0.061$

18. $x=\dfrac{F_0}{m(\omega_n^2-\omega^2)}\left(\sin\omega t-\dfrac{\omega}{\omega_n}\sin\omega_n t\right)$

    $\omega\to\omega_n$ のとき, $x=\dfrac{F_0}{2m\omega_n^2}(\sin\omega_n t-\omega_n t\cos\omega_n t)$

19. m に加振力が働くとき,
    $ml^2\ddot{\theta}+cb^2\dot{\theta}+ka^2\theta=F_0l\sin\omega t$,
    $$\theta=\dfrac{F_0l}{\sqrt{(ka^2-ml^2\omega^2)^2+(cb^2\omega)^2}}\sin(\omega t-\varphi), \quad \varphi=\tan^{-1}\dfrac{cb^2\omega}{ka^2-ml^2\omega^2}$$
    ばねの位置に加振力が働くときは, F_0l を F_0a に変えればよい.

20. 共振振動数 $f=\omega/2\pi=15.6$ Hz, 共振振幅 $A_{\max}=0.5$ mm

21. ばね定数 $k=198$ kN/m, 減衰比 $\zeta=0.063$

22. （a） $m\ddot{x}+c\dot{x}+kx=Ac\omega\cos\omega t$

$$x=\frac{Ac\omega}{\sqrt{(k-m\omega^2)^2+(c\omega)^2}}\sin(\omega t+\varphi), \quad \varphi=\tan^{-1}\frac{k-m\omega^2}{c\omega}$$

（b） $m\ddot{x}+c\dot{x}+kx=Ak\sin\omega t$

$$x=\frac{Ak}{\sqrt{(k-m\omega^2)^2+(c\omega)^2}}\sin(\omega t-\psi), \quad \psi=\tan^{-1}\frac{c\omega}{k-m\omega^2}$$

23. 力のつりあい：$m(\ddot{u}+a\ddot{\theta})+k(u+b\theta)=R$

m の位置に関するモーメントのつりあい：

$$Ra-k(u-b\theta)(a+b)=0$$

$u=A\sin\omega t, \theta=\Theta\sin\omega t, R=R_0\sin\omega t$ を代入し Θ, R_0 を求める.

$$\Theta=\frac{kb+ma\omega^2}{kb^2-ma^2\omega^2}A, \quad R_0=k(a+b)^2\frac{m\omega^2}{ma^2\omega^2-kb^2}A$$

24. $(M+m+m_u)\ddot{x}+kx=m_u e\omega^2\sin\omega t, \quad x=\dfrac{m_u e\omega^2}{k-(M+m+m_u)\omega^2}\sin\omega t$

$R=mg-m\ddot{x}\geqq 0$ より, $mg-\dfrac{m_u e\omega^4}{k-(M+m+m_u)\omega^2}\geqq 0$

25. 共振速度 $v=17.6$ m/s

〔3 章〕

1. 運動方程式は

$$\left.\begin{array}{l}m\ddot{x}+(k_1+k_2)x+(l_1k_1-l_2k_2)\theta=0\\ I\ddot{\theta}+(l_1k_1-l_2k_2)x+(l_1^2k_1+l_2^2k_2)=0\end{array}\right\}$$

調和振動解を $x=A\sin\omega t, \theta=B\sin\omega t$ とすれば, 次式が得られる.

$$\left.\begin{array}{l}\{-m\omega^2+(k_1+k_2)\}A+(l_1k_1-l_2k_2)B=0\\ (l_1k_1-l_2k_2)A+\{-I\omega^2+(l_1^2k_1+l_2^2k_2)\}B=0\end{array}\right\}$$

これより固有振動数決定式は

$$\omega^4-(\omega_x^2+\omega_\theta^2)\omega^2+\omega_x^2\omega_\theta^2-(k_1l_1-k_2l_2)^2/mI=0$$

したがって固有円振動数は

$$\left.\begin{array}{l}\omega_{n1}^2\\ \omega_{n2}^2\end{array}\right\}=\frac{\omega_\theta^2+\omega_x^2}{2}\mp\sqrt{\left(\frac{\omega_\theta^2-\omega_x^2}{2}\right)^2+\frac{(k_1l_1-k_2l_2)^2}{mI}}$$

また正規振動モード線図は

$$\frac{B}{A}=\frac{l_1k_1-l_2k_2}{m\omega^2-(k_1+k_2)}=\frac{I\omega^2-(l_1^2k_1+l_2^2)}{l_1k_1-l_2k_2}$$

より, 図 A.1 のようになる. なお

$$\omega_x=\sqrt{(k_1+k_2)/m}, \quad \omega_\theta=\sqrt{(l_1^2k_1+l_2^2k_2)/I}$$

となる.

2. 路面形状は $X=a\sin(2\pi y/l), y=vt$ で与えられるので, $F=k_1a$ とおけば式 (3.11) の形となる.

問題の解答 147

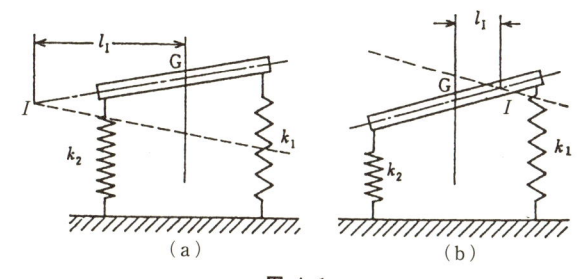

図 A.1
（a） 1次振動モード，（b） 2次振動モード．

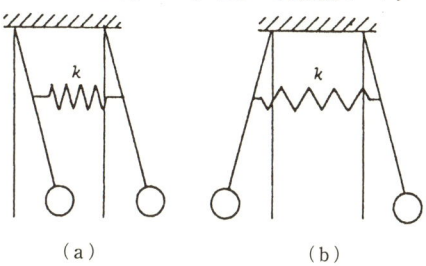

図 A.2
（a） 1次振動モード，（b） 2次振動モード．

3. （a） 系の運動方程式は
$$m_1l_1^2\ddot{\theta}_1+(m_1gl_1+ka^2)\theta_1-ka^2\theta_2=0$$
$$m_2l_2^2\ddot{\theta}_2-ka^2\theta_1+(m_2gl_2+ka^2)\theta_2=0$$
したがって，$m_1l_1^2 \to m_1$, $m_2l_2^2 \to m_2$, $m_1gl_1 \to k_1$, $m_2gl_2 \to k_3$, $ka^2 \to k_2$ の対応を考えるとよい．モード線図を図 A.2 に示す．

（b） 系の運動方程式は
$$I_1\ddot{\theta}_1+(k_{r1}+k_{r2})\theta_1-k_{r2}\theta_2=0, \quad I_2\ddot{\theta}_2-k_{r2}\theta_1+(k_{r2}+k_{r3})\theta_2=0$$
したがって，$I_1 \to m_1$, $I_2 \to m_2$, $k_{r1} \to k_1$, $k_{r2} \to k_2$, $k_{r3} \to k_3$ の対応を考える．

4. m_1, m_2 に作用する力 P_1, P_2 に対するたわみ y_1, y_2 は
$$y_1=\frac{l^3}{6EI_0}(16P_1+5P_2), \quad y_2=\frac{l^3}{6EI_0}(5P_1+2P_2)$$
これより，$\omega_{n1}=0.586\sqrt{EI_0/(ml^3)}$, $\omega_{n2}=3.885\sqrt{EI_0/(ml^3)}$ （図 A.3）．

5. m_1, m_2 の y 方向における力のつりあいより
$$m_1\ddot{y}_1 \approx -T\frac{y_1}{l_1}-T\frac{y_1-y_2}{l_2}, \quad m_2\ddot{y}_2 \approx T\frac{y_2-y_1}{l_2}-T\frac{y_2}{l_3}$$
$l_1=l_2=l_3=l$, $m_1=m_2=m$ の場合，$\omega_{n1}=\sqrt{T/ml}$, $\omega_{n2}=\sqrt{3T/ml}$ となる（図 A.4）．

6. 第1振子の糸の張力を T_1, 第2のそれを T_2 とする．座標関係 $x_1=l\sin\theta$, $y_1=l\cos\theta$ より，$\ddot{x}_1=-l\dot{\theta}_1^2\sin\theta_1+l\ddot{\theta}_1\cos\theta_1$, $\ddot{y}_1=-l\dot{\theta}_1^2\cos\theta_1-l\ddot{\theta}_1\sin\theta_1$. 同様に $\ddot{x}_2=-l\dot{\theta}_1^2\sin\theta_1+l\ddot{\theta}_1\cos\theta_1-l\dot{\theta}_2^2\sin\theta_2+l\ddot{\theta}_2\cos\theta_2$, $\ddot{y}_2=-l\dot{\theta}_1^2\cos\theta_1-l\ddot{\theta}_1\sin\theta_1-l\dot{\theta}_2^2\cos\theta_2-l\ddot{\theta}_2\sin\theta_2$. したがって，$m_1\ddot{x}_1=-T_1\sin\theta_1+T_2\sin\theta_2$, $m_1\ddot{y}_1=m_1g-T_1\cos\theta_1+T_2\cos\theta_2$. また

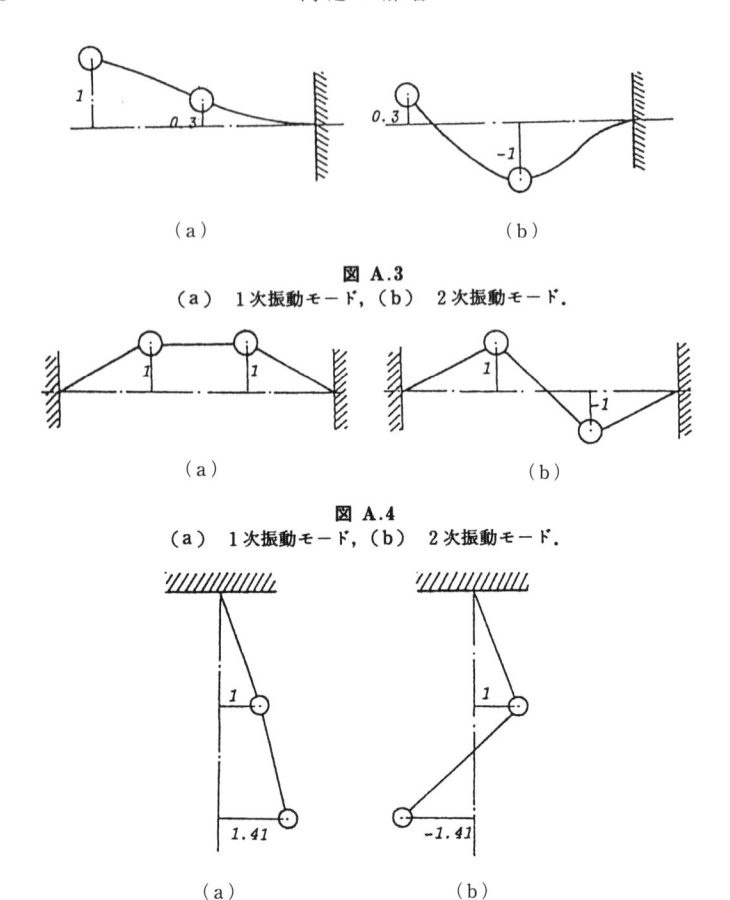

図 A.3
(a) 1次振動モード, (b) 2次振動モード.

図 A.4
(a) 1次振動モード, (b) 2次振動モード.

図 A.5
(a) 1次振動モード, (b) 2次振動モード.

$m_2 \ddot{x}_2 = -T_2 \sin \theta_2$, $m_2 \ddot{y}_2 = m_2 g - T_2 \cos \theta_2$. θ_1, θ_2 に関して. $-(m_1+m_2)l\ddot{\theta}_1 - m_2 l\ddot{\theta}_2 \cos(\theta_2-\theta_1) + m_2 l\dot{\theta}_2^2 \sin(\theta_2-\theta_1) = (m_1+m_2)g \sin \theta_1$. また $m_2 l\ddot{\theta}_2 - m_2 l\ddot{\theta}_1 \cos(\theta_2-\theta_1) - m_2 l\dot{\theta}_1^2 \sin(\theta_2-\theta_1) = m_2 g \sin \theta_2$. $m_1 = m_2 = m$ とした微小振動下での正規振動モードを図 A.5 に示す.

〔4 章〕

1. 運動エネルギ T とポテンシャルエネルギ V ($\theta = \dfrac{\pi}{2}$ のときを $V=0$ とおく) は次のようになる.

$$T = \frac{1}{2}M\dot{x}^2 + \frac{1}{2}m\{\dot{x}^2 + (l\dot{\theta})^2 + 2l\dot{x}\dot{\theta}\cos\theta\}, \quad V = mgl\cos\theta$$

これより, $(M+m)\ddot{x} + ml\ddot{\theta}\cos\theta - ml\dot{\theta}^2 \sin\theta = F$

$$ml^2\ddot{\theta}+ml\ddot{x}\cos\theta-mgl\sin\theta=0$$

2. 剛体の運動エネルギを求める際，その重心に関して並進と回転の運動エネルギを考慮すればよい．リンク1とリンク2において，重心の座標を(x_{1G}, y_{1G}), (x_{2G}, y_{2G})，重心まわりの慣性モーメントをI_1, I_2とすると，運動エネルギTとポテンシャルエネルギVは

$$T=\frac{1}{2}\{I_1\dot{\theta}_1{}^2+I_2\dot{\theta}_2{}^2+m_1(\dot{x}_{1G}{}^2+\dot{y}_{1G}{}^2)+m_2(\dot{x}_{2G}{}^2+\dot{y}_{2G}{}^2)\}$$

$$V=m_1gy_{1G}+m_2gy_{2G}$$

ここで，$x_{1G}=(l_1/2)\sin\theta_1$, $y_{1G}=(l_1/2)\cos\theta_1$, $x_{2G}=l_1\sin\theta_1+(l_2/2)\sin\theta_2$, $y_{2G}=l_1\cos\theta_1+(l_2/2)\cos\theta_2$, $I_i=m_il_i^2/12$ であるので，これらを上式に代入して

$$\left(\frac{1}{3}m_1l_1{}^2+m_2l_1{}^2\right)\ddot{\theta}_1+\frac{1}{2}m_2l_1l_2\ddot{\theta}_2\cos(\theta_1-\theta_2)+\frac{1}{2}m_2l_1l_2\dot{\theta}_2{}^2\sin(\theta_1-\theta_2)$$
$$-\left(\frac{m_1gl_1}{2}+m_2gl_1\right)\sin\theta_1=0$$

$$\frac{1}{3}m_2l_2{}^2\ddot{\theta}_2+\frac{1}{2}m_2l_1l_2\ddot{\theta}_1\cos(\theta_1-\theta_2)-\frac{1}{2}m_2l_1l_2\dot{\theta}_1{}^2\sin(\theta_1-\theta_2)-\frac{m_2gl_2}{2}\sin\theta_2=0$$

3. 歯車Pと腕Cの回転角θ_Pとθ_Cをθ_Sで表すと次のようになる．

$$\theta_P=\frac{r_P-r_R}{r_P}\cdot\frac{r_S}{r_S+r_R}\theta_S, \quad \theta_C=\frac{r_S}{r_S+r_R}\theta_S$$

運動エネルギTとポテンシャルエネルギVは次のようになる．

$$T=\frac{1}{2}\left(\frac{1}{2}m_Sr_S{}^2\right)\dot{\theta}_S{}^2+\frac{1}{2}\{I_C+m_P(r_S+r_P)^2\}\dot{\theta}_C{}^2+\frac{1}{2}\left(\frac{1}{2}m_Pr_P{}^2\right)\dot{\theta}_P{}^2$$

$$=\frac{1}{4}m_Sr_S{}^2\dot{\theta}_S{}^2+\frac{1}{2}\{I_C+m_P(r_S+r_P)^2\}\left(\frac{r_S}{r_S+r_R}\right)^2\dot{\theta}_S{}^2+\frac{1}{4}m_Pr_P{}^2\left(\frac{r_P-r_R}{r_P}\cdot\frac{r_S}{r_S+r_R}\right)^2\dot{\theta}_S{}^2$$

$$V=0$$

これより入力軸（太陽歯車軸S）の慣性モーメントIは次のようになる．

$$I=\left[\frac{1}{2}m_Sr_S{}^2+\{I_C+m_P(r_S+r_P)^2\}\left(\frac{r_S}{r_S+r_R}\right)^2+\frac{1}{2}m_Pr_P{}^2\left(\frac{r_P-r_R}{r_P}\cdot\frac{r_S}{r_S+r_R}\right)^2\right]$$

4. 運動エネルギTとポテンシャルエネルギVは次のようになる．

$$T=\frac{1}{2}(ml^2\dot{\theta}_1{}^2+ml^2\dot{\theta}_2{}^2+ml^2\dot{\theta}_3{}^2)$$

$$V=-mgl(\cos\theta_1+\cos\theta_2+\cos\theta_3)+\frac{k}{2}\{a^2(\sin\theta_2-\sin\theta_1)^2+a^2(\sin\theta_3-\sin\theta_2)^2\}$$

ここで，微小振動を考えて，$\sin\theta\fallingdotseq\theta$, $\cos\theta=1-\theta^2/2$ とおいて運動方程式を求めると

$$\left.\begin{array}{l}ml^2\ddot{\theta}_1+(mgl+ka^2)\theta_1-ka^2\theta_2=0\\ ml^2\ddot{\theta}_2-ka^2\theta_1+(mgl+2ka^2)\theta_2-ka^2\theta_3=0\\ ml^2\ddot{\theta}_3-ka^2\theta_2+(mgl+ka^2)\theta_3=0\end{array}\right\} \quad (\text{a})$$

となる．ここで，$\theta_i=\Theta_i\sin\omega t$とおくと

$$\begin{pmatrix}(mgl+ka^2)-\omega^2ml^2 & -ka^2 & 0\\ -ka^2 & (mgl+2ka^2)-\omega^2ml^2 & -ka^2\\ 0 & -ka^2 & (mgl+ka^2)-\omega^2ml^2\end{pmatrix}\begin{pmatrix}\Theta_1\\ \Theta_2\\ \Theta_3\end{pmatrix}=\begin{pmatrix}0\\ 0\\ 0\end{pmatrix} \quad (\text{b})$$

が得られ，$\omega^2ml^2/(ka^2)=f$, $mgl/(ka^2)=b$ とおいて振動数方程式を求めると次のようになる．

$$(b-f+1)^2(b-f+2)-2(b-f+1)=(b-f+1)(b-f)(b-f+3)=0 \quad (\text{c})$$

式 (b), (c) より

$f_1 = b$ ($\omega_1^2 = g/l$) のとき, $\Theta_1^{(1)}=1,\ \Theta_2^{(1)}=1,\ \Theta_3^{(1)}=1$

$f_2 = b+1$ ($\omega_2^2 = g/l + ka^2/(ml^2)$) のとき, $\Theta_1^{(2)}=1,\ \Theta_2^{(2)}=0,\ \Theta_3^{(2)}=-1$

$f_3 = b+3$ ($\omega_3^2 = g/l + 3ka^2/(ml^2)$) のとき, $\Theta_1^{(3)}=1,\ \Theta_2^{(3)}=-2,\ \Theta_3^{(3)}=1$

5. 運動方程式は

$$I\ddot{\theta}_1 + k_\theta(\theta_1 - \theta_2) = T\cos\omega t$$
$$1.5I\ddot{\theta}_2 + k_\theta(\theta_2 - \theta_1) + 0.5k_\theta(\theta_2 - \theta_3) = 0$$
$$0.5I\ddot{\theta}_3 + 0.5k_\theta(\theta_3 - \theta_2) = 0$$

強制振動解を $\theta_i = \Theta_i \cos\omega t$ とおくと

$$\begin{pmatrix} k_\theta - \omega^2 I & -k_\theta & 0 \\ -k_\theta & 1.5k_\theta - 1.5\omega^2 I & -0.5k_\theta \\ 0 & -0.5k_\theta & 0.5k_\theta - 0.5\omega^2 I \end{pmatrix} \begin{pmatrix} \Theta_1 \\ \Theta_2 \\ \Theta_3 \end{pmatrix} = \begin{pmatrix} T \\ 0 \\ 0 \end{pmatrix}$$

が得られる. これより, $\Theta_1 = \dfrac{\left\{\omega^4 - \dfrac{2k_\theta}{I}\omega^2 + \dfrac{2}{3}\left(\dfrac{k_\theta}{I}\right)^2\right\}\dfrac{T}{I}}{\omega^2\left(\dfrac{k_\theta}{I} - \omega^2\right)\left(2\dfrac{k_\theta}{I} - \omega^2\right)}$

6. 4章の例題 4.6 と 3章の問題 5 を参照し, 各自計算せよ.

$\omega_1 = 0.618\sqrt{T/ml},\ \omega_2 = 1.414\sqrt{T/ml},\ \omega_3 = 1.618\sqrt{T/ml}$

7. この系の運動エネルギ T とポテンシャルエネルギ V は

$$T = \frac{1}{2}(I_1\dot{\theta}_1^2 + I_2\dot{\theta}_2^2 + I_2'\dot{\theta}_2'^2 + I_3'\dot{\theta}_3'^2)$$

$$V = \frac{k_1}{2}(\theta_1 - \theta_2)^2 + \frac{k_2'}{2}(\theta_2' - \theta_3')^2$$

ここで, $\theta_2' = i\theta_2$ であり, $\theta_3' = i\theta_3$ のような θ_3 を導入すると運動方程式は

$I_1\ddot{\theta}_1 + k_1(\theta_1 - \theta_2) = 0$
$(I_2 + i^2 I_2')\ddot{\theta}_2 - k_1(\theta_1 - \theta_2) + i^2 k_2'(\theta_2 - \theta_3) = 0$
$i^2 I_3'\ddot{\theta}_3 - i^2 k_2'(\theta_2 - \theta_3) = 0$

となり, 問題のような分岐系は図 A.6 のような軸系におきかえられる.

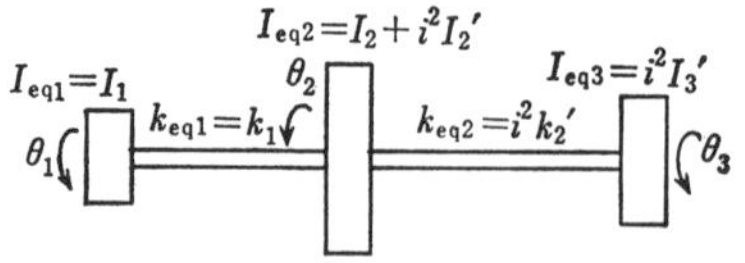

図 A.6 図 4.20 の系の等価系

〔5 章〕

1. 縦波の伝ば速度は式 (5.5) より $c = 5140$ m/s. ねじり波の伝ば速度は, $G = E/\{2(1+\nu)\} = 79.2$ GPa であるから式 (5.8) より, $c = 3190$ m/s.

2. (a) 式 (5.10)→式 (5.9) を示す. 直接代入すれば容易に確かめることができる.

(b) 式 (5.9)→式 (5.10) を示す. $\xi = x - ct,\ \eta = x + ct$ とおき, $(x, t) \to (\xi, \eta)$ と変数変換すれば,

$$\frac{\partial^2 \phi}{\partial x^2} = \frac{\partial}{\partial x}\left(\frac{\partial \phi}{\partial \xi}\frac{\partial \xi}{\partial x} + \frac{\partial \phi}{\partial \eta}\frac{\partial \eta}{\partial x}\right) = \frac{\partial}{\partial x}\left(\frac{\partial \phi}{\partial \xi} + \frac{\partial \phi}{\partial \eta}\right)$$

$$= \frac{\partial(\cdots)}{\partial \xi}\frac{\partial \xi}{\partial x} + \frac{\partial(\cdots)}{\partial \eta}\frac{\partial \eta}{\partial x} = \frac{\partial^2 \phi}{\partial \xi^2} + \frac{\partial^2 \phi}{\partial \xi \partial \eta} + \frac{\partial \phi^2}{\partial \eta^2}$$

問 題 の 解 答

$$\frac{\partial^2 \phi}{\partial t^2} = \frac{\partial}{\partial t}\left(\frac{\partial \phi}{\partial \xi}\frac{\partial \xi}{\partial t} + \frac{\partial \phi}{\partial \eta}\frac{\partial \eta}{\partial t}\right) = \frac{\partial}{\partial t}\left(-c\frac{\partial \phi}{\partial \xi} + c\frac{\partial \phi}{\partial \eta}\right)$$

$$= \frac{\partial(\cdots)}{\partial \xi}\frac{\partial \xi}{\partial t} + \frac{\partial(\cdots)}{\partial \eta}\frac{\partial \eta}{\partial t} = c^2\left(\frac{\partial^2 \phi}{\partial \xi^2} - \frac{\partial^2 \phi}{\partial \xi \partial \eta} + \frac{\partial \phi^2}{\partial \eta^2}\right)$$

となる.これを式 (5.9) に代入すれば,$\partial^2 \phi/\partial \xi \partial \eta = 0$.したがって
$$\phi = f(\xi) + g(\eta) = f(x-ct) + g(x+ct).$$

3. 反射波を $g(x+ct)$ とする.固定端 $x=l$ で波動の値が 0 となることから,$g(l+ct) = -f(l-ct)$.η を任意の変数として,関数 f,g は $g(\eta) = -f(2l-\eta)$ の関係があることになり,$\eta = x+ct$ とすれば $g(x+ct) = -f(2l-x-ct)$.ここで $X = 2l-x$ とおけば $g(x+ct) = -f(X-ct)$ を得る.したがって図 A.7 のように,入射波と反射波は固定端 $x=l$ に関

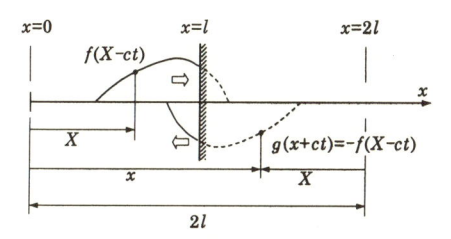

図 A.7 固定端における波の反射

して点対称の関係にあり,入射波を逆転した反射波が固定端から生じることがわかる.

4. 式 (5.20) において $\omega_n = 2\pi f_n$,$n=1$ として T について解けば,$T = 4f_1^2 l^2 \rho$.この式に,$l = 0.3$ m,$\rho = 0.001$ kg/m,$f_1 = 400$ Hz を代入すれば,$T = 57.6$ N となる.

5. 境界条件は,$u(0, t) = 0$,$M\ddot{u}(l, t) = -EAu'(l, t)$ である.これに $u(x, t) = \{C\cos(\omega x/c) + D\sin(\omega x/c)\}(\alpha \cos \omega t + \beta \sin \omega t)$ を代入すると,$C = 0$,$D\{M\omega^2 \sin(\omega l/c) - EA(\omega/c)\cos(\omega l/c)\} = 0$.
$m = \omega l/c$,$\mu = M/\rho A l$ とおけば,$D \neq 0$ より振動数方程式は $\tan m = 1/(\mu m)$.

6. $X(x)$ の境界条件は,$X(0) = X'(0) = X(l) = X''(l) = 0$.これより,
$$C_3 = -C_1,\quad C_4 = -C_2,\quad \begin{pmatrix} \cos kl - \cosh kl & \sin kl - \sinh kl \\ \cos kl + \cosh kl & \sin kl - \sinh kl \end{pmatrix}\begin{pmatrix} C_1 \\ C_2 \end{pmatrix} = \begin{pmatrix} 0 \\ 0 \end{pmatrix}$$
係数の行列式 $=0$ より,振動数方程式 $\tan kl - \tanh kl = 0$ を得る.この解を $k_n(n=1, 2, 3, \cdots)$ とすればモード関数は次のとおりとなる.
$$X_n(x) = C_{1n}\left(\cos k_n x - \frac{\cos k_n l + \cosh k_n l}{\sin k_n l + \sinh k_n l}\sin k_n x - \cosh k_n x\right.$$
$$\left. + \frac{\cos k_n l + \cosh k_n l}{\sin k_n l + \sinh k_n l}\sinh k_n x\right) \quad (n = 1, 2, 3, \cdots)$$

7. 糸でつり上げたときの変形曲線を $f(x)$ とする.初期条件は,$y(x, 0) = f(x)$,$\dot{y}(x, 0) = 0$.式 (5.52) 第 2 式より $\beta_n = 0$.α_n は式 (5.52) 第 1 式において,$X_n = (1/k_n^4)X_n''''$ (式 (5.31)) を利用して,

$$a_n = \frac{2}{l}\int_0^l fXdx = \frac{2}{l}\left(\int_0^a fXdx + \int_a^l fXdx\right) = \frac{2}{lk_n{}^4}\left(\int_0^a fX_n{}''''dx + \int_a^l fX_n{}''''dx\right)$$
$$= \frac{2}{k_n{}^4 l}\Big\{[fX_n{}'''-f'X_n{}''+f''X_n{}'-f'''X_n]_0^a + \int_0^a f''''X_ndx$$
$$+[fX_n{}'''-f'X_n{}''+f''X_n{}'-f'''X_n]_a^l + \int_a^l f''''X_ndx\Big\}$$

となる.ここで $f(x)$, $X_n(x)$ の満たすべき下記の条件を用いれば,
$$f''''(x)=0, \ f(0)=f''(0)=f(l)=f''(0)=0,$$
$$f(a-0)=f(a+0), \ f'(a-0)=f'(a+0), \ f''(a-0)=f''(a+0),$$
$$EI\{f'''(a+0)-f'''(a-0)\}=P$$
$$X_n(0)=X_n{}''(0)=X_n(l)=X_n{}''(l)=0$$
$$a_n = -\frac{2X_n(a)\{f'''(a+0)-f'''(a-0)\}}{k_n{}^4 l} = \frac{2P}{k_n{}^4 lEI} X_n(a) = \frac{2P}{k_n{}^4 lEI}\sin\frac{n\pi a}{l}$$

したがって式 (5.50) より,振動解は
$$y(x,\ t) = \frac{2Pl^3}{EI\pi^4}\sum_{n=1}^{\infty}\frac{1}{n^4}\sin\frac{n\pi a}{l}\sin\frac{n\pi x}{l}\cos\omega_n t.$$

8. モード関数および分布力は次のようになる.
$X_n(x) = \sin(n\pi)/l$, $q(x,\ t) = q_0 \sin\omega t\,\delta(x-a)$. 式 (5.55) より
$$Q_n(t) = \frac{2q_0}{l}\left(\int_0^l \delta(x-a)\sin(n\pi x/l)dx\right)\sin\omega t = \frac{2q_0}{l}\sin(n\pi a/l)\sin\omega t.$$

最初はりは静止しているから式 (5.52) より $\alpha_n=\beta_n=0$ であり,
$$T_n(t) = \frac{2q_0\sin(n\pi a/l)(\omega\sin\omega_n t-\omega_n \sin\omega t)}{\rho Al(\omega^2-\omega_n{}^2)\omega_n}$$

が式 (5.56) より得られ,強制振動の解は次式となる.
$$y(x,\ t) = \frac{2q_0}{\rho Al}\sum_{m=1}^{\infty}\frac{\sin(n\pi a/l)\sin(n\pi x/l)(\omega\sin\omega_n t-\omega_n\sin\omega t)}{(\omega^2-\omega_n{}^2)\omega_n}$$

9. $\int_0^l X^2 dx = \int_0^l \{1-\cos(2\pi x/l)\}^2 dx = 3l/2$. $X'' = (2\pi/l)^2 \cos(2\pi x/l)$ であるから,
$$\int_0^l (X'')^2 dx = (2\pi/l)^4 \int_0^l \cos^2(2\pi x/l)dx = (8\pi^4)/l^3.$$

したがって,式 (5.59) より $\omega = (\sqrt{16/3}\,\pi^2/l^2)\sqrt{EI/\rho A}$ となる.表5.1より厳密値は $\omega_1 = (22.37/l^2)\sqrt{EI/\rho A}$ なので,約2%大きい近似値となる.

〔6 章〕

1. 式 (6.4), (6.6) から
$$F_1 = \omega^2(z_1-l)m_1 r_1/l, \ F_2 = -\omega^2 z_1 m_1 r_1/l$$
が得られる.これらを X_0-Y_0 座標系で表示すると次のようになる.
$$F_1 = \frac{\omega^2(z_1-l)m_1 r_1}{l}\begin{bmatrix}\cos(\omega t+\phi_1)\\ \sin(\omega t+\phi_1)\end{bmatrix},\ F_2 = -\frac{\omega^2 z_1 m_1 r_1}{l}\begin{bmatrix}\cos(\omega t+\phi_1)\\ \sin(\omega t+\phi_1)\end{bmatrix}$$

2. 面積 1 cm² 当たりの円板の質量を ρ とする.1円板の場合,静的つりあい条件のみを考えればよいので,つりあいの条件は
$$-\rho\frac{\pi 0.6^2}{4}r_1 - \rho\frac{\pi 0.6^2}{4}r_2 - \rho\frac{\pi 0.8^2}{4}r_3 = 0$$

である．この式から
$$r_3 = \begin{bmatrix} r_3 \cos \phi_3 \\ r_3 \sin \phi_3 \end{bmatrix} = -\frac{9}{16} \begin{bmatrix} \sqrt{3} \\ 1 \end{bmatrix}$$

すなわち
$$r_3 = 1.125 \text{ cm}, \quad \phi_3 = 210°$$

を得る．

3．つりあいの条件から
$$F^* + U_A + U_B = 0$$
$$M^* + k \times (z_A U_A + z_B U_B) = 0$$

ただし
$$F^* = \sum_{i=1}^{2} m_i r_i, \quad M^* = k \times \sum_{i=1}^{2} z_i m_i r_i$$

である．これを U_A, U_B について解くと
$$U_A = \frac{z_B F^* - M^* \times k}{z_A - z_B}, \quad U_B = \frac{z_A F^* - M^* \times k}{z_B - z_A}$$

となる．これらから
$$U_A = -\begin{bmatrix} 4 \\ 2\sqrt{3}/3 \end{bmatrix}, \quad U_B = -\begin{bmatrix} 3 \\ 4\sqrt{3}/3 \end{bmatrix} \quad (単位：\text{kg·mm})$$

すなわち
$$U_A = 4.163 \text{ kg·mm}, \quad \phi_A = 196°06', \quad U_b = 3.786 \text{ kg·mm}, \quad \phi_A = 217°35'$$

を得る．

4．つりあいの条件から
$$\int_0^{l_1} m(z) r(z) dz + U_A + U_B = 0$$
$$\int_0^{l_1} z m(z) r(z) dz + l U_B = 0$$

ただし
$$m(z) = -\frac{\rho \pi d^2}{4}, \quad r(z) = \begin{bmatrix} r \\ 0 \end{bmatrix}$$

である．これらから
$$U_A = \begin{bmatrix} (\pi/8) \rho d^2 r l_1 (2 - l_1/l) \\ 0 \end{bmatrix}, \quad U_B = \begin{bmatrix} (\pi/8) \rho d^2 r l_1^2/l \\ 0 \end{bmatrix}$$

を得る．

5．つりあいの条件から
$$\int_0^{l} m(z) r(z) dz + U_A + U_B = 0$$
$$\int_0^{l} z m(z) r(z) dz + l U_B = 0$$

ただし
$$m(z) = -\frac{\rho \pi}{4} \left\{ d_1 + (d_2 - d_1) \frac{z}{l} \right\}^2, \quad r(z) = \begin{bmatrix} r \\ 0 \end{bmatrix}$$

を得る．これらから

が求められる.

6.
$$m(z)=\frac{\rho h z}{l}, \quad r(z)=\begin{bmatrix} hz/(2l) \\ 0 \end{bmatrix}$$
である. よって
$$F^*=\int_0^l m(z)r(z)dz=\begin{bmatrix} \rho h^2 l/6 \\ 0 \end{bmatrix}$$
$$M^*=k\times\int_0^l zm(z)r(z)dz=k\times\begin{bmatrix} \rho h^2 l^2/8 \\ 0 \end{bmatrix}$$
を得る.

7. 固有円振動数は
$$(a_1-m\omega^2)(a_2-J\omega^2)-b^2=0$$
を解くことによって得られる. $b=0$ の場合
$$\omega_{1n}=\sqrt{a_1/m}, \quad \omega_{2n}=\sqrt{a_2/J}$$
である.

〔7 章〕

1. 連接棒の A, B 点の加速度を a_A, a_B とすれば, 連接棒の重心の加速度 a は, 図 A.8 より
$$a=\frac{b}{l}a_B+\frac{a}{l}a_A$$
となるので, x 方向の単位ベクトルを i, OA 方向の単位ベクトルを R とすれば, 加速度の x 軸, y 軸方向の成分 a_x, a_y は
$$a_B=\ddot{x}i \qquad a_A=-r\omega^2 R$$
x, y 軸方向の成分 a_x, a_y は
$$a_x=\frac{b}{l}\ddot{x}-\frac{a}{l}r\omega^2\cos\theta$$
$$a_y=-\frac{a}{l}r\omega^2\sin\theta$$

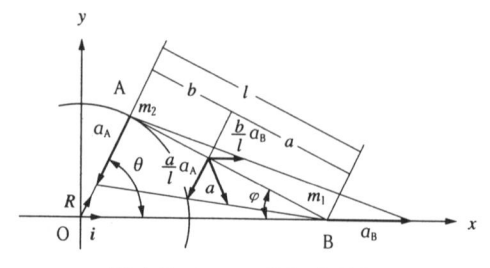

図 A.8 クランク重心の加速度

したがって，連接棒の慣性力 F および x, y 成分 X, Y は連接棒の質量を M として，

$$F = -Ma = -\frac{b}{l}Ma_B - \frac{a}{l}Ma_A = -m_1a_B - m_2a_A$$

$$X = -Ma_x = -\frac{b}{l}Mx + \frac{a}{l}Mr\omega^2\cos\theta = m_1r\omega^2 + m_2r\omega^2\cos\theta + \lambda m_1 r\omega^2\cos 2\theta$$

$$Y = -Ma_y = \frac{a}{l}Mr\omega^2\sin\theta = m_2 r\omega^2\sin\theta$$

2. 式 (7.20) と (7.21) より1次の慣性力の和はつりあい質量のない場合

$$X = (m_{recip} + m_{rev})r\omega^2\cos\theta, \qquad Y = (m_{rev})r\omega^2,$$
$$m_{recip} = m_p + m_1, \qquad m_{rev} = M_e + m_2$$

例題 7.1 より

$$m_{recip} = 0.398 \text{[kg]} \qquad m_{rev} = 0.982 \text{[kg]} \qquad m_{recip} + m_{rev} = 1.380 \text{[kg]}$$

$$\omega = 2\pi \times \frac{4500}{60} = 471 \text{[1/s]} \qquad r = 35 \text{[mm]} = 3.5 \times 10^{-2} \text{[m]}$$

$$\left.\begin{array}{l} |X| = 1.380 \times 3.5 \times 10^{-2} \times 471^2 = 1.071 \times 10^4 \text{[N]} \quad X = 1.07 \times 10^4 \text{[N]}\cos 471t \\ |Y| = 0.982 \times 3.5 \times 10^{-2} \times 471^2 = 7.625 \times 10^3 \text{[N]} \quad Y = 7.62 \times 10^3 \text{[N]}\sin 471t \end{array}\right\} \text{(a)}$$

式 (7.23) より1次の慣性力は（つりあい質量 $M_w = 1.181$ [kg] のある場合）

$$\left.\begin{array}{l} X = (m_{recip} + m_{rev} - M_w)r\omega^2\cos\theta = 1.545 \times 10^3 \text{[N]}\cos 471t \\ Y = (m_{rev} - M_w)r\omega^2\sin\theta = -1.545 \times 10^3 \text{[N]}\sin 471t \end{array}\right\} \text{(b)}$$

(a)と(b)よりつりあい質量 M_w によって1次の慣性力が小さくなることがわかる．

〔8 章〕

1. 式 (8.25) において，$\omega_0 = 1$, $\beta = 0.3$ の場合である．周期の計算には式 (8.34) を用いる．$x_0 = 1$ なので $z = \beta x_0^2 = 0.3$ である．

$$s = \sqrt{\frac{z}{2(1+z)}}$$

とおき，$F(s, \pi/2)$ を算術幾何平均法で求める．

$$a_0 = 1, \quad b_0 = \sqrt{1-s^2} = 0.94054$$
$$a_1 = 0.97027, \quad b_1 = 0.96981$$
$$a_2 = 0.97004, \quad b_2 = 0.97004$$

よって，$F(s, \pi/2) = \pi/(2a_2)$ である．周期は

$$T = \frac{4}{\sqrt{1+z}}F(s, \pi/2) = 5.681$$

と計算される．

摂動法による ω_1^2 は式 (8.86) で与えられる．いまの場合，$\omega_0 = 1$, $\alpha_1 = 0.3$ である．0次近似の場合 $\omega_1^2 = 1$ から $T_0 = 2\pi/\omega_1 = 6.283$ となる．1次近似の場合 $\omega_1^2 = 1 + (3\times 0.3)/4$ から $T_1 = 5.677$ となる．2次近似の場合 $\omega_1^2 = 1 + (3\times 0.3)/4 - (3\times 0.3^2)/128$ から $T_2 = 5.682$ である．0次，1次，2次近似の順に T をよく近似している．

2. 周期は式 (8.43) により計算できる．$\omega_0 = 1$, $\beta = 0.3$ である．1.と同様に計算すれば

$$z = 0.3, \quad s = \sqrt{\frac{z}{2-z}}, \quad a_3 = 0.95318, \quad F(s, \pi/2) = \pi/(2a_3)$$

$$T = 4\sqrt{\frac{2}{2-z}} F(s, \pi/2) = 7.150$$

を得る.

摂動法では,$\omega_0 = 1$, $a_1 = -0.3$ とし,式 (8.86) を用いて 1. と同様に計算すると
$$T_0 = 6.283, \quad T_1 = 7.137, \quad T_2 = 7.147$$
となる.

3. 周期の計算には式 (8.49) を用いる.$s = \sin(60°/2) = 0.5$ に対して $F(s, \pi/2)$ を算術幾何平均法で求めると

$$a_0 = 1, \quad b_0 = \sqrt{1-s^2} = 0.86602$$
$$a_1 = 0.93301, \quad b_1 = 0.93060$$
$$a_2 = 0.93180, \quad b_2 = 0.93180$$

$F(s, \pi/2) = \pi/(2a_2)$ となる.したがって,周期は

$$T = \frac{4}{\omega_0} F(s, \pi/2) = \frac{6.743}{\omega_0}$$

と計算される.

摂動法では,$a_1 = -1/6$, $x_0 = \pi/3$ を式 (8.86) に用いることにより,0 次近似の場合,$T_0 = 6.283/\omega_0$,1 次近似の場合,$T_1 = 6.764/\omega_0$ を得る.この場合,$\sin x$ をすでに $x - x^3/6$ で近似しているので,より高次の近似を考えてもあまり意味がない.

4. 計算式は

$$\mu = \frac{|x_0 \omega_1 - A_v|}{A_v}, \quad \omega_1 = \frac{2\pi}{T}, \quad A_v = \omega_0 \sqrt{2(1 - \cos x_0)}$$

である.各 x_0 について T を 3. と同様に求め,μ を計算すると次のようになる.

x_0	30°	60°	90°	120°
μ	0.006	0.024	0.059	0.119

x_0 が 90° までは,最大速度の誤差が 6% 以内であり,波形近似もよいといえる.

5. 記述を簡単にするため $\omega_1 t = \theta$ とおく.ϕ_0, ϕ_1 を式 (8.68) へ代入すると

$$\ddot{\phi}_2 + \omega_1^2 \phi_2 = -c_2 x_0 \cos\theta + \left(\frac{3x_0^2}{4} - 3x_0^2 \cos^2\theta\right)\frac{x_0^3}{32\omega_1^2}(\cos 3\theta - \cos\theta)$$

$$= -c_2 x_0 \cos\theta + \frac{3x_0^5}{32\omega_1^2}\left(\frac{1}{4} - \cos^2\theta\right)(\cos 3\theta - \cos\theta) \quad (8.110)$$

ここで

$$\frac{1}{4} - \cos^2\theta = \frac{1}{2}\left\{(1 - 2\cos^2\theta) - \frac{1}{2}\right\} = -\frac{1}{4}(2\cos 2\theta + 1)$$

に注意すると

$$\left(\frac{1}{4} - \cos^2\theta\right)(\cos 3\theta - \cos\theta) = -\frac{1}{4}(2\cos 2\theta + 1)(\cos 3\theta - \cos\theta)$$

$$= -\frac{1}{4}(2\cos 2\theta \cos 3\theta - 2\cos 2\theta \cos\theta + \cos 3\theta - \cos\theta)$$

$$= -\frac{1}{4}\{(\cos\theta + \cos 5\theta) - (\cos\theta + \cos 3\theta) + \cos 3\theta - \cos\theta\}$$

$$= \frac{1}{4}(\cos\theta - \cos 5\theta)$$

である.これを式 (8.110) に用いて

$$\ddot{\phi}_2 + \omega_1{}^2\phi_2 = -c_2 x_0 \cos\theta + \frac{3x_0{}^5}{32\omega_1{}^2} \cdot \frac{1}{4}(\cos\theta - \cos 5\theta)$$

$$= -x_0\left(c_2 - \frac{3x_0{}^4}{128\omega_1{}^2}\right)\cos\theta - \frac{3x_0{}^5}{128\omega_1{}^2}\cos 5\theta$$

を得る.

6.

$$\frac{3a^2 x_0{}^4}{128\omega_0{}^2} - \frac{3a^2 x_0{}^4}{128\omega_1{}^2} = \frac{3a^2 x_0{}^4(\omega_1{}^2 - \omega_0{}^2)}{128\omega_0{}^2\omega_1{}^2}$$

$$= \frac{3a^2 x_0{}^4}{128\omega_0{}^2\omega_1{}^2}\left(\frac{3ax_0{}^2}{4} - \frac{3a^2 x_0{}^4}{128\omega_1{}^2}\right) = \frac{9a^3 x_0{}^6}{128\omega_0{}^2\omega_1{}^2}\left(\frac{1}{4} - \frac{ax_0{}^2}{128\omega_1{}^2}\right) = O(a^3)$$

7. 式 (8.101) で $\zeta=0$ とし,両辺の平方をとり符号に注意すると次の 2 つの方程式を得る.

$$\left\{\omega_0{}^2\left(1+\frac{3}{4}\alpha_1 A^2\right) - \omega^2\right\}A = \pm P \tag{8.111}$$

$\zeta=0$ の場合, φ は 0 または π であるので, A に符号を含めて解を $x=A\sin\omega t$ と表現する.このとき式 (8.111) は 1 つの方程式

$$\left\{\omega_0{}^2\left(1+\frac{3}{4}\alpha_1 A^2\right) - \omega^2\right\}A = P$$

すなわち

$$\left(1+\frac{3}{4}\alpha_1 A^2\right)A - \frac{P}{\omega_0{}^2} = \frac{\omega^2}{\omega_0{}^2}A \tag{8.112}$$

で表すことができる.上式の左辺は ω に依存しない A の 3 次関数であり,右辺は ω によって傾きが決定される A の 1 次関数である.この方程式は次の図式解法で解くことができる.すなわち,与えた P に対して,X 軸を A, Y 軸を関数値とする座標系に式 (8.112) 左辺の 3 次関数を描いておく.そして,同座標系に与えた ω に対する右辺の 1 次関数を描き,これら 2 つの関数の交点を求める.交点の X 座標が与えた P, ω に対する式 (8.112) の根である.交点を求める際, $A<0$ の領域も対象となることに注意する.1 つから 3 つの実根が存在することがわかる ($\zeta=0$ の場合, 2 重根は存在しうるが, 3 重根は存在しない).

〔9 章〕

1. 最適ゲインは表 9.5 の(b),(c)のようになる.

2. 特性根は,(a) $s_{1,2}=-0.676\pm0.991j$,(b) $s_{1,2}=-0.225\pm0.999j$,(c) $s_1=-1.329$, $s_2=-2.496$ となる.その配置状況は傾向的に図 A.9 のようになる.根の実部が減衰曲線の包絡線を,虚部が振動周期成分を示すので,(b)は減衰性のよくない振動曲線を,一方(c)は振動のない高減衰曲線を示ことが考えられる.それぞれの系の制振応答曲線は,本文中の図 9.9 に示すとおりである.

3.

$$N = [b \quad Ab] = \begin{bmatrix} 0 \\ 1 \end{bmatrix}, \begin{bmatrix} 0 & 1 \\ -1 & 0 \end{bmatrix}\begin{bmatrix} 0 \\ 1 \end{bmatrix} = \begin{bmatrix} 1 & 0 \\ 0 & 1 \end{bmatrix}$$

となり, rank $N=2$ で可制御である.また

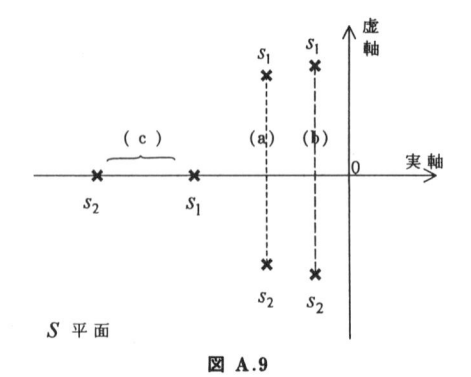

図 A.9

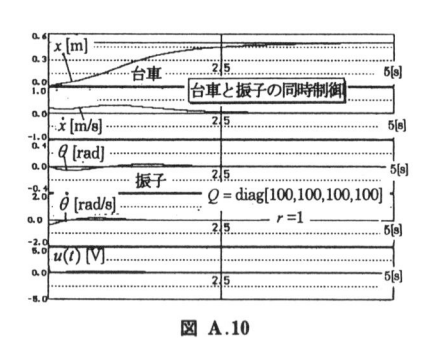

図 A.10

$$M = [C^T \quad A^T C^T] = \left[\begin{bmatrix} 1 \\ 0 \end{bmatrix}, \begin{bmatrix} 0 & -1 \\ 1 & 0 \end{bmatrix}\begin{bmatrix} 1 \\ 0 \end{bmatrix}\right] = \begin{bmatrix} 1 & 0 \\ 0 & 1 \end{bmatrix}$$

となり，rank $M=2$ で可観測である．

4. 表9.4の条件（c）の場合の制御応答は図 A.10 のようになる．条件（b）に比べて $\dot{x}$，$\dot{\theta}$ に対する評価の重み係数が大きくなっていることは，それぞれの時間応答が（（b）の場合に比べて）より緩やかになることを意味する．それぞれの実際の制御応答を比べてみよう．なお（図A.11）に，表9.4の（a），（b）に対する極配置状況を参考のために示す．

5. 式 (9.41)～(9.43) において，（クレーン系に比べて）ポテンシャルエネルギ U の符号が変わるだけである．したがって式 (9.47)～(9.51) において，$s_1=+1$ とすれば倒立振子のモデリングとなる．

問題の解答

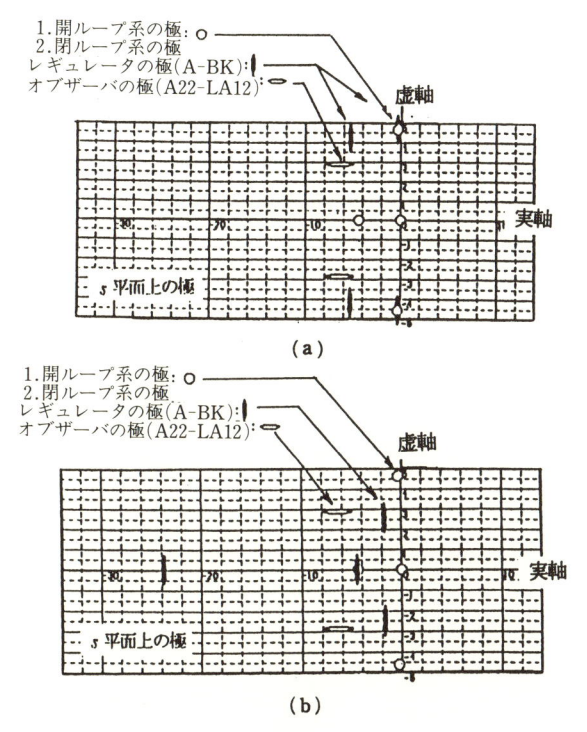

1. 開ループ系の極: ○
2. 閉ループ系の極
レギュレータの極(A-BK):
オブザーバの極(A22-LA12):

虚軸

実軸

s 平面上の極

(a)

1. 開ループ系の極: ○
2. 閉ループ系の極
レギュレータの極(A-BK):
オブザーバの極(A22-LA12):

虚軸

実軸

s 平面上の極

(b)

図 A.11

文　　献

阿比留久徳：計測と制御, **31**(4), 491, 1992
青木　弘, 木谷　晋：工業力学第3版, 森北出版, 1994.
有山正孝：振動・波動, 裳華房, 1970.
Den Hartog, J.P.：機械振動論（谷口　修, 藤井澄二訳）, コロナ社, 1979.
Den Hartog, J.P.：Mechanical Vibrations, McGraw-Hill, 1956.
原　文雄：機械力学, 裳華房, 1992.
Houser, G.H. and Hudson, D.E.：Dynamics, Van Nostrand, 1960.
日高照晃編：機械力学, 朝倉書店, 1987.
古田勝久, 川路茂保, 美多　勉, 原　辰次：メカニカルシステム制御, オーム社, 1984.
池田雅夫：システム制御情報学会セミナーテキスト, 13, 1993.
井上順吉：機械力学, 理工学社, 1982.
入江敏博：機械振動学通論, 朝倉書店, 1981.
磯田和男, 大野　豊監修：FORTRANによる数値計算ハンドブック, オーム社, 1971.
Kawabe, H. and Kuwahara, K.：*Trans. JIM*, **22** (5), 301, 1981.
Kolsky, H.：Stress Waves in Solids, Dover, 1963.
美多　勉：H_∞制御, 昭晃堂, 1994.
永井正夫：計測と制御, **32** (4), 290, 1993.
日本数学会編：岩波数学辞典第3版, 岩波書店, 1985.
野波健蔵, 田　宏奇：スライディングモード制御, コロナ社, 1994.
小寺　忠, 新谷真功：わかりやすい機械力学, 森北出版, 1992.
背戸一登, 鈴木浩平：日本機械学会誌, **89** (811), 635, 1986.
田村章義：機械力学改訂版, 森北出版, 1980.
谷口　修：機械力学Ⅰ, Ⅱ, 養賢堂, 1954.
Utkin, V.I.：IEEE Trans on Automatic Control, AC 22-2, 212, 1977.
Weaver, W. Jr., Timoshenko, S.P. and Young D.H.：Vibration Problems in Engineering Fifth Edition, John Wiley, 1990.
山本敏男, 太田　博：機械力学, 朝倉書店, 1970.

付　録

SI 単位表

付表 1　基本単位

長さ	メートル	m	熱力学温度	ケルビン	K
質量	キログラム	kg			
時間	秒	s	物質量	モル	mol
電流	アンペア	A	光度	カンデラ	cd

付表 2　SI 接頭語

10^{12}	テラ	T	10^{-2}	センチ	c
10^{9}	ギガ	G	10^{-3}	ミリ	m
10^{6}	メガ	M	10^{-6}	マイクロ	μ
10^{3}	キロ	k	10^{-9}	ナノ	n
10^{2}	ヘクト	h	10^{-12}	ピコ	p
10^{1}	デカ	da	10^{-15}	フェムト	f
10^{-1}	デシ	d	10^{-18}	アト	a

付表 3　SI，CGS 系および重力系単位の対照表

単位系 \ 量	長さ L	質量 M	時間 T	加速度	力	応力	圧力	エネルギ	仕事率	温度
SI	m	kg	s	m/s²	N	Pa または N/m²	Pa	J	W	K
CGS 系	cm	g	s	Gal	dyn	dyn/cm²	dyn/cm²	erg	erg/s	℃
重力系	m	kgf·s²/m	s	m/s²	kgf	kgf/m²	kgf/m²	kgf·m	kgf·m/s	℃

付表 4　機械力学に関する基本的な単位の換算率表

量	単位の名称	記号	SI への換算率	SI 単位の名称	記号
角度	度 分 秒	° ′ ″	$\pi/180$ $\pi/1.08\times 10^{4}$ $\pi/6.48\times 10^{5}$	ラジアン	rad
長さ	メートル ミクロン	m μ	1 10^{-6}	メートル	m
面積	平方メートル	m²	1	平方メートル	m²
体積	立方メートル リットル	m³ l	1 10^{-3}	立方メートル	m³
質量	キログラム 原子質量単位	kg u	1 $\fallingdotseq 1.66057\times 10^{-27}$	キログラム	kg

付　録

量	単位の名称	記号	SIへの換算率	SI単位の名称	記号
時間	秒	s	1	秒	s
	分	min	60		
	時	h	3600		
	日	d	86400		
速さ	メートル毎秒	m/s	1	メートル毎秒	m/s
	ノット	kn	1852/3600		
周波数および振動数	サイクル	s^{-1}	1	ヘルツ	Hz
回転数	回毎分	rpm	1/60		
角速度	ラジアン毎秒	rad/s	1	ラジアン毎秒	rad/s
加速度	メートル毎秒毎秒	m/s^2	1	メートル毎秒毎秒	m/s^2
	ジー	G	9.80665		
力	重量キログラム	kgf	9.80665	ニュートン	N
	重量トン	tf	9806.65		
	ダイン	dyn	10^{-5}		
力のモーメント	重量キログラムメートル	kgf·m	9.80665	ニュートンメートル	N·m
応力	重量キログラム毎平方メートル	kgf/m^2	9.80665	パスカル または ニュートン 毎平方メートル	Pa または N/m^2
	重量キログラム毎平方センチメートル	kgf/cm^2	9.80665×10^4		
	重量キログラム毎平方ミリメートル	kgf/mm^2	9.80665×10^6		
密度	キログラム毎立方メートル	kg/m^3	1	キログラム毎立方メートル	kg/m^3
運動量	キログラムメートル毎秒	kg·m/s	1	キログラムメートル毎秒	kg·m/s
慣性モーメント	キログラム平方メートル	$kg·m^2$	1	キログラム平方メートル	$kg·m^2$
力積	重量キログラム秒	kgf·s	9.80665	ニュートン秒	N·s
圧力	重量キログラム毎平方メートル	kgf/m^2	9.80665	パスカル	Pa
	水柱メートル	mH_2O	9806.65		
	重量水銀柱ミリメートル	mmHg	101325/760		
	トル	Torr	101325/760		
	気圧	atm	101325		
	バール	bar	10^5		
エネルギー	エルグ	erg	10^{-7}	ジュール	J
	カロリ	cal	4.18605		
	重量キログラムメートル	kgf·m	9.80665		
	キロワット時	kW·h	3.600×10^6		

量	単位の名称	記号	SIへの換算率	SI単位の名称	記号
仕事率・動力	ワット キロカロリ毎時	W kcal/h	1 1.1630	ワット	W
粘度・粘性係数	ポアズ 重量キログラム秒毎平方メートル	P kgf·s/m²	10^{-1} 9.80665	パスカル秒	Pa·s
動粘度・動粘性係数	ストークス センチストークス	St cSt	10^{-4} 10^{-6}	平方メートル毎秒	m²/s

簡単な形の均質物体の慣性能率 （kgm²）

1. 細い棒（長さ$2a$, 質量$M = 2a\rho$（線密度））

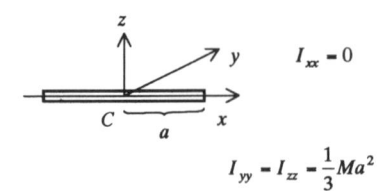

$I_{xx} = 0$

$I_{yy} = I_{zz} = \dfrac{1}{3}Ma^2$

2. 矩形板（$2a \times 2b$, $M = 4ab\rho$（面密度））

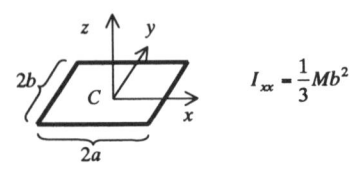

$I_{xx} = \dfrac{1}{3}Mb^2$

$I_{yy} = \dfrac{1}{3}Ma^2, \quad I_{zz} = I_{xx} + I_{yy} = \dfrac{1}{3}M(a^2 + b^2)$

3. 矩形柱（$2a \times 2b \times 2c$, $M = 8\rho abc$）

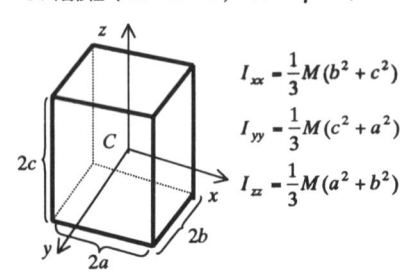

$I_{xx} = \dfrac{1}{3}M(b^2 + c^2)$

$I_{yy} = \dfrac{1}{3}M(c^2 + a^2)$

$I_{zz} = \dfrac{1}{3}M(a^2 + b^2)$

4. 円輪（半径r, $M = 2\pi r\rho$）

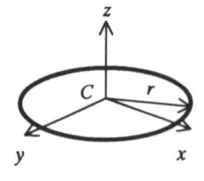

$I_{xx} = I_{yy} = \dfrac{1}{2}I_{zz} = \dfrac{1}{2}Mr^2$

5. 円板（半径r, $M = 2\pi r^2\rho$）

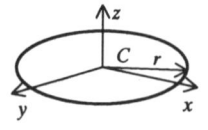

$I_{xx} = I_{yy} = \dfrac{1}{2}I_{zz} = \dfrac{1}{4}Mr^2$

6. 円柱（半径r, 長さ2λ, $M = 2\rho\pi r^2\lambda$）

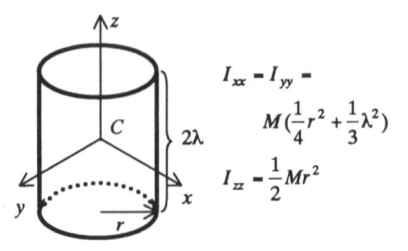

$I_{xx} = I_{yy} = M\left(\dfrac{1}{4}r^2 + \dfrac{1}{3}\lambda^2\right)$

$I_{zz} = \dfrac{1}{2}Mr^2$

7. 円柱（半径r, 長さ2λ, 質量M）

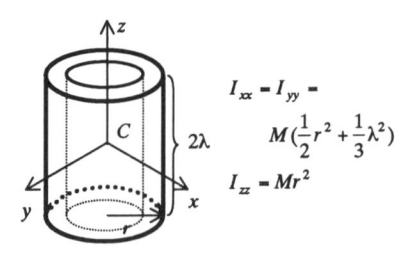

$I_{xx} = I_{yy} = M\left(\dfrac{1}{2}r^2 + \dfrac{1}{3}\lambda^2\right)$

$I_{zz} = Mr^2$

8. 球殻（半径r, $M = 4\pi r^2\rho$）

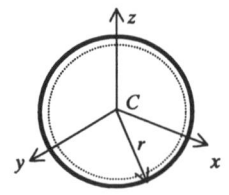

$I_{xx} = I_{yy} = I_{zz} = \dfrac{2}{3}Mr^2$

9. 球（半径r, $M = \dfrac{4}{3}\pi r^3\rho$）

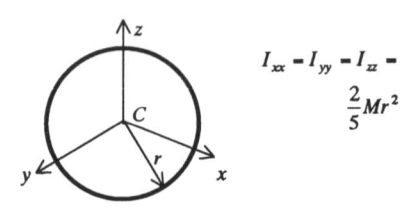

$I_{xx} = I_{yy} = I_{zz} = \dfrac{2}{5}Mr^2$

索　引

ア 行

アクチュエータ　actuator　123
アクティブサスペンション　active suspension　126
アクティブ制御　active control　123
アナログ計算機　analog computer　128
安定性　stability　128

位相平面　phase plane　20
位相平面トラジェクトリ　plane trajectory　20
一般座標　generalized coordinate　48
一般ばね定数　generalized spring constant　58
一般力　generalized force　50

運動方程式　motion equation　3

H_∞制御　H_∞-infinitive control　125
エネルギ法　energy method　12
LQ 問題　linear quadratic problem　132
鉛直振子　vertical pendulum　11

応答性　responsibility　128
往復質量　reciprocating mass　105

カ 行

回転運動　rotation　99
回転質量　rotating mass　106
可観測　observable　125
可観測性行列　observability matrix　140
過減衰　supercritical damping　19
渦状点　spiral point　22
渦心点　spiral center　21
可制御　controllable　125
可制御性行列　controllability matrix　140
片持ちばり　cantileber　82
慣性主軸　principal axis of inertia　93
慣性乗積　product of inertia　93

慣性マトリックス　inertia matrix　61
機械振動　mechanical vibration　1
基準座標　principal coordinate　59
基準振動　principal vibration　62,65
　　――の直交性　orthogonality of ――　65
Q 係数　Q factor　27
境界条件　boundary condition　74
共　振　resonance　27
強制振動　forced vibration　24,31
極配置　pole allocation　130

偶不つりあい　couple unbalance　94
クーロン減衰系　Coulomb's damping system　22

弦　　string　71
減衰能　damping capacity　124
減衰比　damping ratio　17

剛性マトリックス　stiffness matrix　61
拘束力　restraint force　50
高調波振動　higher harmonic vibration　122
ゴピナス法　Gopinath design method　135
固有円振動数　natural circular frequency, circular frequency of natural modes　7,41
固有関数　eigen function　76
固有周期　natural period　7
固有振動数　natural frequency　7
固有振動数方程式　natural frequency equation　37
固有値　eigen value　124
こわさ　stiffness　6
　　板ばねの――　―― of plate spring　8
　　組合せばねの――　―― of combined spring　9
　　コイルばねの――　―― of coil spring　8
　　はりの――　―― of beam　8

コントローラ controller 123

サ 行

最小次元観測器 minimal order observer (estimator) 135
最適ゲイン optimal gain 131
最適レギュレータ optimal regulator 125
散逸関数 dissipation function 54
算術幾何平均法 method of the arithmetic-geometric mean 114
サンプリング周期 sampling period 141

実用防振合金 high damping alloys for practical use 124
周 期 period 7
自由振動 free vibration 7
集中定数系モデリング法 lumped parameter modeling method 133
自由度 freedom 2,48
状況点 representative point 20
状態変数 state variable 124
焦 点 focal point 22
初期条件 initial condition 6,74
シルベスター判定条件 Sylvestar's criterion 124
振動数方程式 frequency equation 62,76
振動の絶縁 vibration isolation 29
振動モード mode of vibration, modal vibration 38,76
振幅倍率 amplitude magnification factor 26

スカイフックダンパ sky-Hooke damper 127
スライディングモード制御 sliding mode control 125

正規振動モード normal mode of vibration 38
制御性 control performance 128
正 定 positive definite 124
静的つりあいの条件 condition of static balance 93
静的連成 static coupling 59
摂動法 perturbation method 115
背骨曲線 backbone curve 121

漸硬ばね hardening spring 108
センサ sensor 123
漸軟ばね softening spring 108

相対伝達率 relative transmissibility 31
ソフト形つりあい試験機 soft bearing balancing machine 95

タ 行

第1次慣性力 primary inertia force 101
第1種完全だ円積分 complete elliptic integral of the first kind 112
第1種だ円積分 elliptic integral of the first kind 112
対数減衰率 logarithmic decrement 18
第2次慣性力 secondary inertia force 101
縦振動 longitudinal vibration 72
ダフィングの方程式 Duffing's equation 110
単振動 simple harmonic motion 4

力の伝達率 transmissibility of force 30
中心点 center 21
跳躍現象 jump phenomena 121

つりあいの条件 condition of balance 89

定常振動 stationary vibration 24

等価質量 equivalent mass 106
等価線形化法 method of equivalent linearization 118
等価ねじり軸 equivalent torsion axis 10
等価粘性係数 equivalent damping factor 137
動吸振器 dynamic absorber 41
動つりあわせ dynamic balancing 95
動的つりあいの条件 condition of dynamic balance 93
動的連成 dynamic coupling 59
動粘性吸振器 dynamic viscous absorber 42
倒立振子 inverted pendulum 12
特異点 singular point 21
特性行列式 characteristic equation 62
特性根 characteristic root 128

特性方程式　characteristic equation　16, 37

ナ 行

2次形式評価関数　quadratic cost function　131
2面つりあわせ　two-plane balancing　95

ねじり振動　torsional vibration　73
粘性減衰　viscous damping　15
粘性減衰系　viscous damping system　15
粘性減衰係数　viscous damping coefficient　16
粘性減衰振動　viscous damping vibration　17

ハ 行

パッシブサスペンション　passive suspension　126
パッシブ制御　passive control　123
波動方程式　wave equation　73
ばね定数　spring constant　6
ばねの等価質量　equivalent mass of spring　14
パラメータ同定　parameter identification　140
はり　beam　8, 71
　——のこわさ　stiffness of ——　8
半制定　positive semi-definite　124

比減衰能　specific damping capacity　136
ピストン・クランク機構　piston crank mechanism　99
非線形振動　nonlinear vibration　108
非線形復元力　nonlinear restoring force　108

VSS制御　variable structure system control　125
フィードバック制御系　feedback control system　123
不つりあい　unbalance　28, 90
不つりあいモーメント　unbalance moment　90
フードダンパ　houde damper　45

振子　pendulum　11
分数調波振動　subharmonic vibration　122

並進運動　translation　99
変位の伝達率　transmissibility of displacement　31
変数分離法　variables separation method　75

棒　bar, rod　71
保存力　conservative system　52

マ 行

曲げ振動　flexural vibration　80
モード関数　mode function　76
　——の直交性　orthogonality of ——　84

ヤ 行

横振動　transverse vibration　72

ラ 行

ラグランジュの方程式　Lagrange's equation　52
ランチェスタダンパ　Lanchester damper　45

リカッチ方程式　Riccati equation　131
力学モデル　mechanic model　1
両端単純支持はり　both-ends simply supported beam　81
臨界減衰　critical damping　19
臨界減衰係数　critical damping coefficient　16

レーレーの固有振動数計算法　Rayleigh's method of calculation of natural frequency　14
連成振動　coupled vibration　37
連接棒　connecting rod　102
連続体　continuum　71

ロバスト制御　robust control　125
ロバスト性能　robust performance　125

著者略歴

日高照晃（ひだか てるあき）
1931年 台北市に生まれる
1953年 熊本大学理学部卒業
現　在 山口大学名誉教授
　　　　工学博士

小田　哲（おだ さとし）
1934年 広島県に生まれる
1959年 京都大学工学部卒業
現　在 福山大学工学部教授
　　　　工学博士

川辺尚志（かわべ ひさし）
1942年 広島県に生まれる
1972年 広島大学大学院工学研究科
　　　　修士課程修了
現　在 広島工業大学工学部教授
　　　　工学博士

曽我部雄次（そがべ ゆうじ）
1952年 愛媛県に生まれる
1978年 大阪大学大学院工学研究科
　　　　博士課程前期修了
現　在 愛媛大学工学部教授
　　　　工学博士

吉田和信（よしだ かずのぶ）
1958年 広島県に生まれる
1982年 広島大学大学院工学研究科
　　　　博士課程前期修了
現　在 島根大学総合理工学部教授
　　　　工学博士

学生のための機械工学シリーズ1

機械力学—振動の基礎から制御まで—　　　定価はカバーに表示

2000年 4 月10日　初版第 1 刷
2012年 2 月20日　　　第13刷

著　者　日　高　照　晃
　　　　小　田　　　哲
　　　　川　辺　尚　志
　　　　曽我部　雄　次
　　　　吉　田　和　信
発行者　朝　倉　邦　造
発行所　株式会社　朝　倉　書　店
　　　　東京都新宿区新小川町 6-29
　　　　郵便番号　162-8707
　　　　電話　03（3260）0141
　　　　FAX　03（3260）0180
　　　　http://www.asakura.co.jp

〈検印省略〉

© 2000〈無断複写・転載を禁ず〉

新日本印刷・渡辺製本

ISBN 978-4-254-23731-3　C 3353　　Printed in Japan

〈(社)出版者著作権管理機構 委託出版物〉

本書の無断複写は著作権法上での例外を除き禁じられています．複写される場合は，そのつど事前に，(社)出版者著作権管理機構（電話 03-3513-6969，FAX 03-3513-6979, e-mail: info@jcopy.or.jp）の許諾を得てください．

◆ 学生のための機械工学シリーズ ◆
基礎から応用まで平易に解説した教科書シリーズ

幡中憲治・飛田守孝・吉村博文・岡部卓治・ 木戸光夫・江原隆一郎・合田公一著 学生のための機械工学シリーズ 4 **機　械　材　料　学** 23734-4 C3353　　A 5 判 240頁 本体3700円	わかりやすく解説した教科書。〔内容〕個体の構造／結晶の欠陥と拡散／平衡状態図／転位と塑性変形／金属の強化法／機械材料の力学的性質と試験法／鉄鋼材料／鋼の熱処理／構造用炭素鋼／構造用合金鋼／特殊用途鋼／鋳鉄／非鉄金属材料／他
稲葉英男・加藤泰生・大久保英敏・河合洋明・ 原　利次・鴨志田隼司著 学生のための機械工学シリーズ 5 **伝　　熱　　科　　学** 23735-1 C3353　　A 5 判 180頁 本体2900円	身近な熱移動現象や工学的な利用に重点をおき，わかりやすく解説。図を多用して視覚的・直感的に理解できるよう配慮。〔内容〕伝導伝熱／熱物性／対流熱伝達／放流伝熱／凝縮伝熱／沸騰伝熱／凝固・融解伝熱／熱交換器／物質伝達／他
岡山大 則次俊郎・近畿大 五百井清・広島工大 西本 澄・ 徳島大 小西克信・島根大 谷口隆雄著 学生のための機械工学シリーズ 6 **ロ　ボ　ッ　ト　工　学** 23736-8 C3353　　A 5 判 192頁 本体3200円	ロボット工学の基礎から実際までやさしく，わかりやすく解説した教科書。〔内容〕ロボット工学入門／ロボットの力学／ロボットのアクチュエータとセンサ／ロボットの機構と設計／ロボット制御理論／ロボット応用技術
川北和明・矢部　寛・島田尚一・ 小笹俊博・水谷勝己・佐木邦夫著 学生のための機械工学シリーズ 7 **機　　械　　設　　計** 23737-5 C3353　　A 5 判 280頁 本体4200円	機械設計を系統的に学べるよう，多数の図を用いて機能別にやさしく解説。〔内容〕材料／機械部品の締結要素と締結法／軸および軸継手／軸受けおよび潤滑／歯車伝動（変速）装置／巻掛け伝動装置／ばね，フライホイール／ブレーキ装置／他
大阪電通大 木村一郎・大阪電通大 吉田正樹・ 京工繊大 村田　滋著 機械工学入門シリーズ 1 **計 測 シ ス テ ム 工 学** 23741-2 C3353　　A 5 判 168頁 本体3000円	基本的事項をやさしく，わかりやすく解説して，セメスター制にも対応した新時代の教科書。〔内容〕計測システムの基礎／静的な計測方式／動的な計測方式／電気信号の変換と処理／ディジタル画像計測／計測データの統計的取り扱い
前神戸大 冨田佳宏・同大 仲町英治・大工大 上田　整・ 神戸大 中井善一著 機械工学入門シリーズ 2 **材　　料　　の　　力　　学** 23742-9 C3353　　A 5 判 232頁 本体3600円	材料力学の基礎を丁寧に解説。〔内容〕引張りおよび圧縮／ねじり／曲げによる応力／曲げによるたわみ／曲げの不静定問題／複雑な曲げの問題／多軸応力および応力集中／円筒殻，球殻および回転円板／薄肉平板の曲げ／材料の強度と破壊／他
神戸大 蔦原道久・大工大 杉山司郎・大工大 山本正明・ 前大阪府大 木田輝彦著 機械工学入門シリーズ 3 **流　　体　　の　　力　　学** 23743-6 C3353　　A 5 判 216頁 本体3400円	基礎からやさしく，わかりやすく解説した大学学部学生，高専生のための教科書。〔内容〕流れの基礎／完全流体の流れ／粘性流れ／管摩擦および管路内の流れ／付録：微分法と偏微分法／ベクトル解析／空気と水の諸量／他
前慶大 吉沢正紹・工学院大 大石久己・慶大 藪野浩司・ 上智大 曄道佳明著 機械工学テキストシリーズ 1 **機　　械　　力　　学** 23761-0 C3353　　B 5 判 144頁 本体3200円	機械システムにおける力学の基本を数多くのモデルで解説した教科書。随所に例題・演習・トピック解説を挿入。〔内容〕機械力学の目的／振動と緩和／回転機械／はり／ピストンクランク機構の動力学／磁気浮上物体の上下振動／座屈現象／他
小口幸成編著　佐藤春樹・栩谷吉郎・伊藤定祐・ 高石吉登・矢田直之・洞田　治著 機械工学テキストシリーズ 2 **熱　　力　　学** 23762-7 C3353　　B 5 判 184頁 本体3200円	ごく身近な熱現象の理解から，熱力学の基礎へと進む，初学者にもわかりやすい教科書。〔内容〕熱／熱現象／状態量／単位記号／温度／熱量／理想気体／熱力学の第一法則／第二法則／物質とその性質／各種サイクル／エネルギーと地球環境

上記価格（税別）は 2012 年 1 月現在